钢结构工程质量监督与控制

张心斌　吴婧姝　陈李华　编著

中国建材工业出版社

图书在版编目（CIP）数据

钢结构工程质量监督与控制／张心斌，吴婧姝，陈李华编著．—北京：中国建材工业出版社，2015.3

ISBN 978-7-5160-1145-4

Ⅰ.①钢… Ⅱ.①张… ②吴… ③陈… Ⅲ.①钢结构－建筑工程－工程质量－质量控制 ②钢结构－建筑工程－工程质量监督 Ⅳ.①TU391

中国版本图书馆 CIP 数据核字（2015）第 029597 号

钢结构工程质量监督与控制

张心斌　吴婧姝　陈李华　编著

出版发行：中国建材工业出版社

地　　址：北京市海淀区三里河路 1 号

邮　　编：100044

经　　销：全国各地新华书店

印　　刷：北京鑫正大印刷有限公司

开　　本：710mm×1000mm　1/16

印　　张：12.5

字　　数：226 千字

版　　次：2015 年 3 月第 1 版

印　　次：2015 年 3 月第 1 次

定　　价：46.80 元

本社网址：www.jccbs.com.cn　　公众微信号：zgjcgycbs

本书如出现印装质量问题，由我社发行部负责调换。联系电话：（010）88386906

前　言

钢结构以其自重较轻，工作的可靠性较高，抗振（震）性和抗冲击性好，工业化程度较高，可以准确快速地装配，室内空间大，容易做成密封结构，整个生命周期中的绿色环保等优点越来越被人们所重视，显示出良好的发展趋势。钢结构在高层及超高层建筑、大跨度空间结构、轻钢建筑等方面的应用具有广阔的发展空间。

与此同时，钢结构工程在制作、螺栓连接、拼装以及吊装工程中常出现一些质量通病，这些质量问题严重危害着建筑物的使用功能和寿命，越来越引起人们的重视，控制其工程质量显得尤为重要。因此，我们根据国家最新颁布实施的钢结构工程各相关设计规范、施工质量验收规范、规程及行业标准，并结合作者在对国家重点钢结构工程进行质量检测鉴定的实际工作中积累的有关方面的有关经验，编写了本书。

本书内容主要包括钢结构工程质量监督与控制、钢结构紧固件质量控制与监督、钢结构组装工程施工质量控制、钢构件预拼装工程质量控制、钢结构安装质量控制、压型板工程质量控制、钢结构涂装工程施工质量控制、钢结构分部工程质量控制、索结构施工质量控制、钢结构工程焊接质量管理、钢结构工程焊接质量控制的一般程序、钢结构工程焊接质量控制具体方案、钢结构工程焊接质量检查、钢结构工程焊接质量第三方质量控制的必要性及内容等。

本书可供钢结构工程施工技术人员、质量检查人员、相关专业大中专院校的师生参考。

本书在编写过程中得到单位同仁及业内人士的大力支持，在此表示衷心的感谢。由于编者水平有限，书中疏漏和不足之处在所难免，恳请广大读者提出宝贵意见。

编者

2015 年 2 月

中国建材工业出版社
China Building Materials Press

目　　录

1 绪　论

北京2008年奥运会不仅是北京人民的大事，也是全国人民乃至全球华人的头等大事，当时为了保证北京2008年奥运会的顺利进行，扩建、改建和新建一大批体育场馆，而几个主要场馆的主体结构都以钢结构为主，如国家体育场、国家游泳中心、国家体育馆等。

钢结构的使用不仅表现在数量上，而且表现在结构形式上。如何保证奥运场馆钢结构工程的质量和安全是北京市建筑工程质量主管部门的重要任务。为了确保奥运场馆钢结构工程质量，必须对奥运场馆钢结构工程的各个环节实施全面的监督。为此，特组织专家对奥运场馆钢结构工程质量监督和控制进行专题研究，找准方向，确定思路，明确范围。

钢结构施工质量监督是一个完整的过程，涉及钢结构原材料质量，加工制作质量，施工安装质量和第三方检测等一系列环节。

奥运场馆钢结构工程质量监督和控制首先依据国家的相关法律法规，尤其是针对钢结构工程的专门规定，总体上全面执行《建筑工程施工质量验收统一标准》(GB 50300—2001）和《钢结构工程施工质量验收规范》(GB 50205—2001)。

质量监督过程中执行标准规范的一般原则如下：

◇ 如果有国家标准则应严格按照相关国家标准进行监督，钢结构工程所涉及的主要规范、标准为《钢结构设计规范》和《钢结构工程施工质量验收规范》。

◇ 如果没有国家标准则执行相关行业标准和行业规范，行业标准往往是针对一种特定的结构形式而制定的。钢结构工程形式多样，如网架结构、索结构等，涉及钢结构工程的相关行业标准也很多，有数十种，有些是针对结构设计的，有些是针对原材料和施工的，执行时应根据工程的具体形式选择相应的标准执行。

◇ 奥运场馆钢结构工程具有一定的特殊性，由于采用国际招标的形式进行设计，部分工程项目可能已经超出了我国现有的标准规范，这种结构形式的质量控制则应该严格依据设计和专家审查的要求进行控制，确保钢结构的质量和安全。

2 钢结构工程质量监督与控制

2.1 原材料、成品质量控制

材料质量是钢结构工程质量保证的基础，把好材料质量关是质量控制的第一步，要清楚材料的来龙去脉，保证材料的各种性能满足工程需要，并达到设计要求。

2.1.1 钢材的检验

2.1.1.1 钢材检验要求

1. 钢材和钢铸件的品种、规格、性能等应符合现行国家产品标准和设计要求。进口钢材产品的质量应符合设计和合同规定标准的要求。

2. 对属于下列情况之一的钢材，应进行抽样复验，其复验结果应符合现行国家产品标准和设计要求。

(1) 国外进口钢材。

(2) 钢材混批。

(3) 板厚等于或大于40mm，且设计有Z向性能要求的厚板。

(4) 建筑结构安全等级为一级，大跨度钢结构中主要受力构件所采用的钢材。

(5) 设计有复验要求的钢材。

(6) 对质量有疑义的钢材。

3. 钢板厚度及允许偏差应符合其产品标准的要求。

2.1.1.2 型钢规格尺寸允许偏差

1. 截面尺寸允许偏差

(1) 工字钢的高度（h）、腿宽度（b）、腰厚度（d）尺寸允许偏差应符合表2-1的规定。

(2) 工字钢平均腿宽度的允许偏差为 $\pm 0.06t$。

（3）工字钢的弯腰挠度不应超过0.15d。

（4）工字钢的外缘斜度单腿不大于1.5%b，双腿不大于2.5%b。

表2-1　工字钢的截面尺寸允许偏差

型　号	允许偏差（mm）		
	高度 h	腿宽度 b	腰厚度 d
≤14	±2.0	±2.0	±5.0
14~18		±2.5	
18~30	±3.0	±3.0	±0.7
30~40		±3.5	±0.8
40~63	±4.0	±4.0	±0.9

（5）相对于垂直轴的腿的不对称度，不得超过腿宽公差之半（或根据双方协议）。

2. 边宽、边厚度允许偏差

（1）等边角钢的边宽（b）、边厚度（t）的尺寸允许偏差，见表2-2。

表2-2　等边角钢边宽及边厚允许偏差

型　号	允许偏差（mm）	
	边宽度 b	边厚度 t
2~5.6	±0.8	±0.4
6.3~9	±1.2	±0.6
10~14	±1.8	±0.7
16~20	±2.5	±1.0

（2）不等边角钢边宽（B、b）、边厚（t）的尺寸允许偏差，见表2-3。

表2-3　不等边角钢边宽及边厚允许偏差

型　号	允许偏差（mm）	
	边宽 B、b	边　厚 t
2.5/1.6~5.6/3.6	±0.8	±0.4
6.3/4~9/5.6	±1.5	±0.6
10/6.3~14/9	±2.0	±0.7
16/10~20/12.5	±2.5	±1.0

（3）槽钢截面的高度（h）、边宽（b）、腹板厚（t_w）的尺寸允许偏差，见表2-4。

表2-4　槽钢的高度、边宽、腹板厚度的尺寸允许偏差

型　　号	允许偏差（mm）		
	高度 h	边宽 b	腹板厚 t_w
5～8	±1.5	±1.5	±0.4
>8～14	±2.0	±2.0	±0.5
>14～18	±2.0	±2.5	±0.6
>18～30	±3.0	±3.0	±0.7
>30～40	±3.0	±3.5	±0.8

2.1.1.3　钢管外径和壁厚的允许偏差

钢管外径和壁厚的允许偏差，见表2-5。

表2-5　钢管外径和壁厚允许偏差

钢管种类	钢管尺寸	允许偏差（mm）	
		普通级	较高级
热轧（挤、扩）管	外径<50 ≥50	±0.50mm ±1%	±0.40mm ±0.75%
	壁厚<4 ≥4～20 >20	±12.5% +15%，－12.5% ±12.5%	±10%
冷拔（轧）管	外径6～10 >10～30 >30～50 >50	±0.20mm ±0.40mm ±0.45mm ±1%	±0.10mm ±0.20mm ±0.25mm ±0.5%
	壁厚≤1 >1～3 >3	±0.15mm +15%，－10% +15%，－10%	±0.12mm ±10% ±10%

2.1.1.4　钢材表面外观质量要求

钢材的表面外观质量除应符合国家现行有关标准的规定外，尚应符合下列规定：

（1）当钢材的表面有锈蚀、麻点或划痕等缺陷时，其深度不得大于该钢材厚度负允许偏差值的1/2。

（2）钢材端边或断口处不应有分层、夹渣等缺陷。

2.1.1.5　钢材矫正允许偏差

钢材矫正后的允许偏差，见表2-6。

表2-6　钢材矫正后的允许偏差

项　　目		允许偏差（mm）	图　　例
钢板的局部平面度	$t \leq 14$	1.5	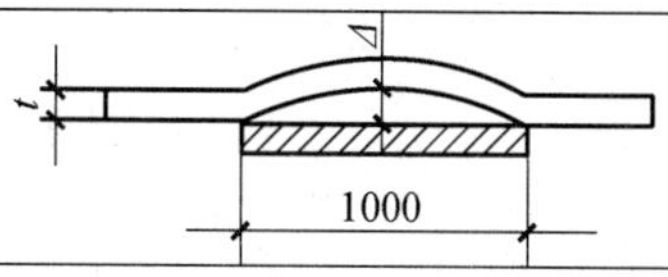 Δ t 1000
	$t > 14$	1.0	
型钢弯曲矢高		$l/1000$ 且不应大于5.0	
角钢肢的垂直度		$b/100$ 双肢栓接角钢的角度不得大于90°	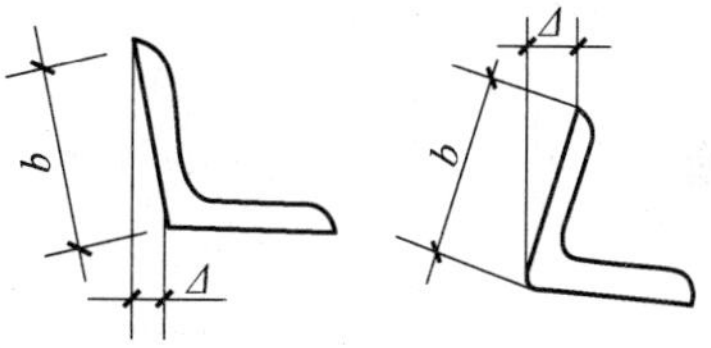 b Δ b Δ
槽钢翼缘对腹板的垂直度		$b/80$	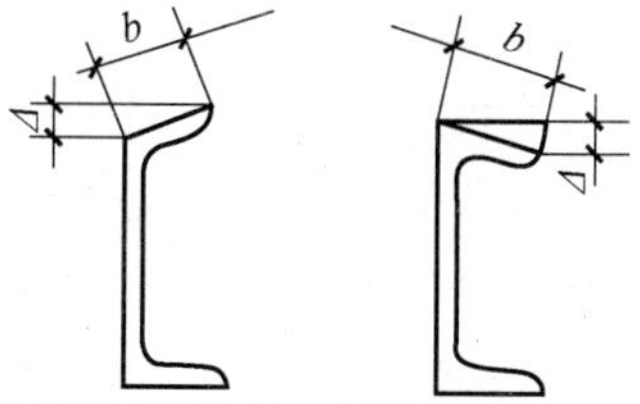 b Δ b Δ
工字钢、H型钢翼缘对腹板的垂直度		$b/100$ 且不大于2.0	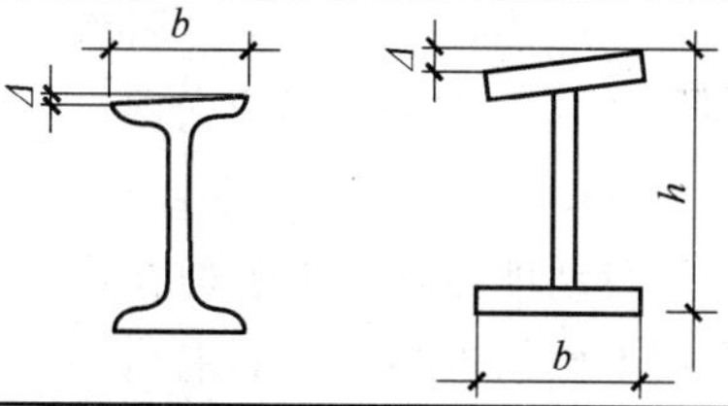 b Δ Δ h b

2.1.2　焊接材料

钢结构中焊接材料的选用，需适应焊接场地（工厂焊接、工地焊接）、焊接方法、焊接方式（连续焊缝、断续焊缝或局部焊缝），特别是要与焊件钢材的强度和材质要求相适应。

2.1.2.1　手工焊接用焊条

（1）碳钢焊条及低合金钢焊条的应用。建筑钢结构中用手工焊时，Q235

钢的焊接采用碳钢焊条 E43 系列，Q345 钢采用低合金钢焊条 E50 系列。

（2）电焊条的型号及应用。碳钢焊条及低合金钢焊条型号的表示方法基本相同，即根据熔敷金属的抗拉强度、药皮类型、焊接位置和焊接电源种类划分，其完整的表示方法举例如下：

碳钢焊条

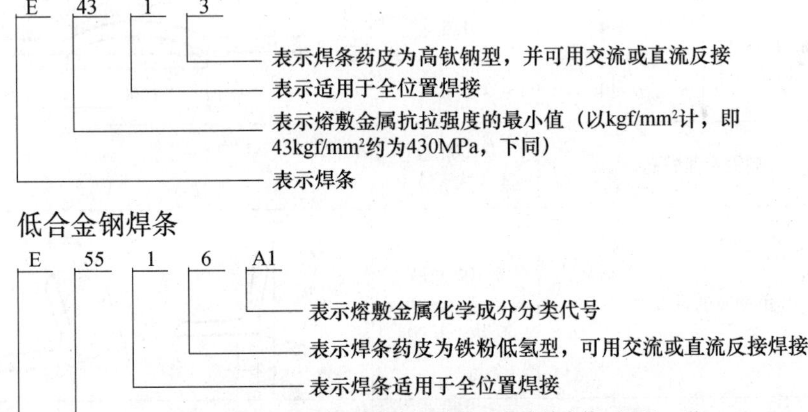

低合金钢焊条

E 55 1 6 A1

表示熔敷金属化学成分分类代号

表示焊条药皮为铁粉低氢型，可用交流或直流反接焊接

表示焊条适用于全位置焊接

表示熔敷金属抗拉强度的最小值（kgf/mm²）

表示焊条

上述表示方法中的第三位数字表示焊条的焊接位置，“0”及“1”表示焊条适用于全位置焊接（平焊、立焊、仰焊和横焊），“2”表示适用于平焊及平角焊，第三位及第四位数字组合时表示焊接电流种类及药皮类型。在低合金钢焊条表示方法中，后缀字母为熔敷金属的化学成分分类代号，并以短划线“－”与前面数字分开。

2.1.2.2　自动及半自动埋弧焊用焊丝及焊剂

自动埋弧是将电弧埋在焊剂下进行焊接，即将没有涂料的焊丝伸入被焊金属上面的焊剂中，通电后产生电弧熔化焊剂，浮在被熔化金属的表面，保护被熔化的金属不与外界空气接触。焊接过程中，焊丝和焊剂的供给输送和电弧的移动全部由机械自动进行。半自动埋弧焊与自动埋弧焊的区别仅是电弧移动由人工操作，而不是由机械控制。

自动焊生产效率高、塑性好、冲击韧性高、抗腐蚀性能强、焊件变形小，也改善劳动条件。半自动焊的焊缝质量介于自动焊和手工焊之间，但使用灵活，可以焊接小尺寸的短焊缝。

自动焊接或半自动焊接采用的焊丝和焊剂，应与焊件钢材的强度和材质相适应。

2.1.2.3　CO_2 气体保护焊用焊丝

CO_2 气体保护焊已得到广泛应用，主要焊接低碳钢和低合金钢。采用成盘连续的光焊丝，但不用焊剂。CO_2 气体保护焊主要采用手工操作，手持焊枪移动焊接，也可进行自动焊接。焊接时围绕焊丝由喷嘴喷出 CO_2 气体，对电弧、熔池与大气进行隔离保护。

CO_2 气体保护焊手工操作比手工电弧焊的焊接速度快，热量集中，熔池较小，焊接层数少，焊接电弧容易对中焊接，可适应各种位置焊接，焊后基本上无熔渣。在焊接质量上焊接变形小，焊缝有较好的抗锈能力，但焊缝外表面不平滑。

焊接低碳钢或低合金钢时，均可采用 H08MnSiA、H08Mn2SiA、H08Mn2Si 等。

2.1.2.4　熔嘴电渣焊用焊丝

高层建筑钢结构中较多地采用箱形截面钢柱，在梁柱节点区的柱截面内需设置与梁翼缘等厚的加劲板（横隔板），而加劲板应与箱形截面柱的钢板采用坡口熔透焊。但是，当采用一般手工焊时，加劲板边缘的最后一条边的焊缝无法焊接，因此需要采用熔嘴电渣焊。

熔嘴电渣焊是用细直径冷拔无缝钢管外涂药皮制成的管焊条作为熔嘴，焊丝在管内送进。焊接时，将管焊条插入由被焊钢板与铜块形成的缝槽内，电弧将焊剂熔化成熔渣池，电流使熔渣温度超过钢材的熔点，从而熔化焊丝和钢板边缘，构成一条堆积的焊缝，把被焊钢板连成整体。

熔嘴电渣焊常为竖直施焊，或焊接倾角不大于30°。这种焊接方法产生较大的热量，为减少焊接变形，焊缝应对称布置和同时施焊。所用的焊丝，在焊接 Q235 钢时采用低碳结构钢镀铜埋弧焊丝（H08MnA）；焊接 Q345（16Mn）钢时，采用 H08MnMoA。

2.1.2.5　焊接材料验收规定

（1）焊接材料的品种、规格、性能等应符合现行国家产品标准和设计要求。

检查数量：全数检查。

检验方法：检查焊接材料的质量合格证明文件、中文标志及检验报告等。

（2）重要钢结构采用的焊接材料应进行抽样复验，复验结果应符合现行国家产品标准和设计要求。

检查数量：全数检查。

检验方法：检查复验报告。

(3) 焊钉及焊接瓷环的规格、尺寸及偏差应符合现行国家标准《圆柱头焊钉》(GB/T 10433—2002) 的规定。

检查数量：按量抽查1%，且不应小于10套。

检验方法：用钢尺和游标卡尺量测。

(4) 焊条外观不应有药皮脱落、焊芯生锈等缺陷；焊剂不应受潮结块。

检查数量：按量抽查1%，且不应少于10包。

检验方法：观察检查。

2.1.3 连接材料

2.1.3.1 普通螺栓

(1) 普通螺栓的钢号与规格。

建筑钢结构中常用的普通螺栓钢号为 Q235，很少采用其他牌号的钢材制作。

建筑钢结构中使用的普通螺栓，一般为六角头螺栓。螺栓的标记通常为 $Md \times l$，其中 d 为螺栓规格（即直径）、l 为螺栓的公称长度。

普通螺栓的通用规格为 M8、M10、M12、M16、M20、M24、M30、M36、M42、M48、M56 和 M64 等。

(2) 螺栓孔壁质量类别与螺栓等级的匹配应用。

①螺栓孔孔壁质量类别。孔壁质量分Ⅰ、Ⅱ两类，Ⅰ类质量高于Ⅱ类。

②Ⅰ、Ⅱ类孔与螺栓质量等级的匹配应用。A、B 级螺栓应与Ⅰ类孔匹配应用。C 级螺栓常与Ⅱ类孔匹配应用。

2.1.3.2 高强度螺栓

高强度螺栓已广泛用于钢结构构件连接，在高层建筑钢结构中已成为主要的连接件。安装时，要先对构件连接端及连接板表面进行特殊处理（如喷砂），形成粗糙面，随后再对高强度螺栓施加预拉力，将使紧固部位产生很大的摩擦阻力。由于高强度螺栓的孔径比栓杆直径大 1.5 ~ 2.0mm，便于构件安装连接，且可减少大量工地焊接的工作量。

高强度螺栓根据其受力特征可分为两种：

(1) 摩擦型高强度螺栓，是靠连接板叠间的摩擦阻力传递剪力，以摩擦阻力刚被克服作为连接承载力的极限状态。

(2) 承压型高强度螺栓，是当剪力大于摩擦阻力后，以栓杆被剪断或连接板被挤坏作为承载力极限状态，其计算方法基本上同普通螺栓，它的承载力极限值大于摩擦型高强度螺栓。

1. 高强度螺栓的类型

常用的高强度螺栓有大六角头高强度螺栓和扭剪型高强度螺栓两种类型。

（1）大六角头高强度螺栓：大六角头高强度螺栓的头部尺寸比普通六角头螺栓要大，可适应施加预拉力的工具及操作要求，同时也增大与连接板间的承压或摩擦面积。大六角头高强度螺栓施加预拉力的工具有电动、风动扳手及人工特制扳手。

（2）扭剪型高强度螺栓：扭剪型高强度螺栓的尾部连着一个梅花头，梅花头与螺栓尾部之间有一沟槽。当用特制扳手拧螺母时，以梅花头作为反拧支点，终拧时梅花头沿沟槽被拧断，并以拧断为准表示已达到规定的预拉力值。

2. 高强度螺栓的性能等级和力学性能

高强度螺栓的螺杆、螺母和垫圈均采用高强度钢材制成，其成品应再经热处理，以进一步提高强度。

常用的高强度螺栓性能等级有下列两种：

8.8 级——用于大六角头高强度螺栓，其制作用钢材牌号为 45 号钢、35 号钢。

10.9 级——用于扭剪型高强度螺栓时，其制作用钢号为 20MnTiB 钢。大六角头高强度螺栓也可达到 10.9 级，其制作钢材牌号为 20MnTiB 钢、40B 钢及 35VB 钢。

高强度螺栓、螺母、垫圈的性能等级和力学性能，见表 2-7。

表 2-7 高强度螺栓、螺母、垫圈的性能等级和力学性能

<table>
<tr><td rowspan="4" colspan="2">类 别</td><td rowspan="4">性能等级</td><td rowspan="4">推荐材料</td><td colspan="5">力学性能</td></tr>
<tr><td colspan="2">屈服强度 f_y</td><td colspan="2">抗拉强度</td><td rowspan="3">洛氏硬度（HRC）</td></tr>
<tr><td>kgf/mm²</td><td>N/mm²</td><td colspan="2">f_u</td></tr>
<tr><td colspan="2">≥</td><td>kgf/mm²</td><td>N/mm²</td></tr>
<tr><td rowspan="4">大六角头高强度螺栓</td><td rowspan="2">螺栓</td><td>8.8S</td><td>45 号钢
35 号钢</td><td>68</td><td>660</td><td>85～105</td><td>830～1030</td><td>24～31</td></tr>
<tr><td>10.9S</td><td>20MnTiB
40B
35VB</td><td>95</td><td>940</td><td>106～126</td><td>1040～1240</td><td>33～39</td></tr>
<tr><td rowspan="2">螺母</td><td>8H</td><td>35 号钢</td><td>—</td><td>—</td><td>—</td><td>—</td><td>≤28</td></tr>
<tr><td>10H</td><td>45 号钢
35 号钢</td><td>—</td><td>—</td><td>—</td><td>—</td><td>≤28</td></tr>
</table>

续表

类别		性能等级	推荐材料	力学性能				
				屈服强度 f_y		抗拉强度 f_u		洛氏硬度(HRC)
				kgf/mm^2	N/mm^2			
				≥		kgf/mm^2	N/mm^2	
大六角头高强度螺栓	垫圈	硬度	45 号钢 35 号钢	—	—	—	—	35 ~ 45
扭剪型高强度螺栓	螺栓	10.9S	20MnTiB	95	940	106 ~ 126	1040 ~ 1240	33 ~ 39
	螺母	10H	15MnVB 35 号钢	—	—	—	—	≤28
	垫圈	硬度	45 号钢	—	—	—	—	35 ~ 45

相应的螺母及垫圈制作用钢材，见表 2-8。

表 2-8 高强度螺栓的等级及其配套的螺母、垫圈制作用钢材

螺栓种类	性能等级	螺杆用钢材	螺 母	垫 圈	适用规格（mm）
扭剪型	10.9S	20MnTiB	35 号钢 10H	45 号钢 HRC35 ~ 45	d = 16、20、(22)、24
大六角头型	10.9S	35VB	45 号钢 35 号钢 15MnVTi10H	45 号钢 35 号钢 HRC35 ~ 45	d = 12、16、20、(22)、24、(27)、30
		20MnTiB			d≤24
		40B			d≤24
	8.8S	45 号钢	35 号钢	45 号钢 35 号钢 HRC35 ~ 45	d≤22
		35 号钢			d≤16

注：表中螺栓直径为目前生产的规格，其中带括号者为非标准型，尽量少用。

扭剪型高强度螺栓及大六角头型高强度螺栓的原材料经热处理后的力学性能，见表 2-9。

表 2-9 高强度螺栓制作用钢材经热处理后的力学性能

螺栓种类	性能等级	所采用的钢材牌号	抗拉强度 σ_b (N/mm^2)	屈服强度 $\sigma_{0.2}$ (N/mm^2)	伸长率 δ_s (%)	断面收缩率 ψ (%)	冲击韧性值 α_k (J/mm^2)	硬度(HRC)
			不小于					
扭剪型	10.9S	20MnTiB	1040 ~ 1240	940	10	42	59	33 ~ 39
大六角头型	8.8S	35 号钢 45 号钢	830 ~ 1030	660	12	45	78	24 ~ 41
	10.9S	20MnTiB 40B 35VB	1040 ~ 1240	940	10	42	59	33 ~ 39

3. 扭剪型高强度螺栓连接副

扭剪型高强度螺栓连接副是一整套的含意，包括一个螺栓、一个螺母和一个垫圈。对于性能等级为10.9级的扭剪型高强度螺栓连接副，应按现行国家标准《钢结构用扭剪型高强度螺栓连接副》(GB/T 3632)、《钢结构用螺栓连接副技术条件》(GB/T 3633) 进行验收，螺栓生产厂家应随产品提供产品质量证明文件，内容如下：

①材料、炉号、化学成分；

②规格、数量；

③机械性能试验数据；

④连接副紧固轴力（预拉力）的平均值、标准偏差及测试环境温度；

⑤出厂日期和批号。

施工单位应对其进场的扭剪型高强度螺栓连接副进行紧固轴力（预拉力）复验，复验按照现行国家标准《钢结构工程施工质量验收规范》(GB 50205—2001) 的规定进行，其结果应符合表2-10的规定。

表2-10 扭剪型高强度螺栓连接副紧固预拉力和标准偏差（kN）

螺栓规格	M16	M20	M22	M24
紧固预拉力的平均值	99 ~ 120	154 ~ 186	191 ~ 231	222 ~ 270
标准偏差	10.1	15.7	19.5	22.7

4. 高强度大六角头螺栓连接副

高强度大六角头螺栓连接副是一整套的含意，包括一个螺栓、一个螺母和两个垫圈。

对于性能等级为8.8级、10.9级的高强度大六角头螺栓连接副，应按现行国家标准《钢结构用高强度大六角头螺栓》(GB/T 1228)、《钢结构用高强度大六角螺母》(GB/T 1229)、《钢结构用高强度垫圈》(GB/T 1230)、《钢结构用高强度大六角头螺栓、大六角螺母、垫圈与技术条件》(GB/T 1231) 进行验收，螺栓生产厂家应随产品提供产品质量证明文件，应包括以下内容：

(1) 材料、炉号、化学成分；

(2) 规格、数量；

(3) 机械性能试验数据；

(4) 连接副扭矩系数平均值、标准偏差及测试环境温度；

（5）出厂日期和批号。

施工单位应对其进场的高强度大六角头螺栓连接副进行扭矩系数复验，复验按照现行国家标准《钢结构工程施工质量验收规范》(GB 50205—2001)的规定进行，其结果应符合以下要求：每组8套连接副扭矩系数的平均值应为0.110～0.150，标准偏差小于或等于0.010。

5.《钢结构工程施工质量验收规范》(GB 50205—2001）对连接用紧固标准件验收规定

（1）钢结构连接用高强度大六角头螺栓连接副、扭剪型高强度螺栓连接副、钢网架用高强度螺栓、普通螺栓、铆钉、自攻钉、拉铆钉、射钉、锚栓(机械型和化学试剂型)、地脚锚栓等紧固标准件及螺母、垫圈等标准配件，其品种、规格、性能等应符合现行国家产品标准和设计要求。高强度大六角头螺栓连接副和扭剪型高强度螺栓连接副出厂时应分别随箱带有扭矩系数和紧固轴力（预拉力）的检验报告。

检查数量：全数检查。

检验方法：检查产品的质量合格证明文件、中文标志及检验报告等。

（2）高强度大六角头螺栓连接副应按《钢结构工程施工质量验收规范》(GB 50205—2001）附录B的规定检验其扭矩系数，其检验结果应符合《钢结构工程施工质量验收规范》(GB 50205—2001）附录B的规定。

检查数量：随机抽取，每批8套。

检验方法：检查复验报告。

（3）扭剪型高强度螺栓连接副应按《钢结构工程施工质量验收规范》(GB 50205—2001）附录B的规定检验预拉力，其检验结果应符合《钢结构工程施工质量验收规范》(GB 50205—2001）附录B的规定。

检查数量：随机抽取，每批8套。

检验方法：检查复验报告。

（4）高强度螺栓连接副，应按包装箱配套供货，包装箱上应标明批号、规格、数量及生产日期。螺栓、螺母、垫圈外观表面应涂油保护，不应出现生锈和沾染脏物，螺纹不应损伤。

检查数量：按包装箱数抽查5%，且不应少于3箱。

检验方法：观察检查。

（5）对建筑结构安全等级为一级，跨度40m及以上的螺栓球节点钢网架结构，其连接高强度螺栓应进行表面硬度试验，对8.8级的高强度螺栓其硬度应为HRC21～29；10.9级高强度螺栓其硬度应为HRC32～36，且不得有裂纹或损伤。

检查数量：按规格抽查8只。

检验方法：硬度计、10倍放大镜或磁粉探伤。

6.《钢结构工程施工质量验收规范》(GB 50205—2001）对其他材料的验收规定

（1）焊接球

①焊接球及制造焊接球所采用的原材料，其品种、规格、性能等应符合现行国家产品标准和设计要求。

检查数量：全数检查。

检验方法：检查产品的质量合格证明文件、中文标志及检验报告等。

②焊接球焊缝应进行无损检验，其质量应符合设计要求，当设计无要求时应符合《钢结构工程施工质量验收规范》(GB 50205—2001）中规定的二级质量标准。

检查数量：每一规格按数量抽查5%，且不应少于3个。

检验方法：超声波探伤或检查检验报告。

③焊接球直径、圆度、壁厚减薄量等尺寸及允许偏差应符合《钢结构工程施工质量验收规范》(GB 50205—2001）的规定。

检查数量：每一规格按数量抽查5%，且不应少于3个。

检验方法：用卡尺和测厚仪检查。

④焊接球表面应无明显波纹及局部凹凸不平不大于1.5mm。

检查数量：每一规格按数量抽查5%，且不应少于3个。

检验方法：用弧形套模、卡尺和观察检查。

（2）螺栓球

①螺栓球及制造螺栓球节点所采用的原材料，其品种、规格、性能等应符合现行国家产品标准和设计要求。

检查数量：全数检查。

检验方法：检查产品的质量合格证明文件、中文标志及检验报告等。

②螺栓球不得有过烧、裂纹及褶皱。

检查数量：每种规格抽查5%，且不应少于5只。

检验方法：用10倍放大镜观察和表面探伤。

③螺栓球螺纹尺寸应符合现行国家标准《普通螺纹基本尺寸》(GB 196)

中粗牙螺纹的规定，螺纹公差必须符合现行国家标准《普通螺纹公差与配合》(GB 197）中6H级精度的规定。

检查数量：每种规格抽查5%，且不应少于3个。

检验方法：用卡尺和分度头仪检查。

(3）封板、锥头和套筒

①封板、锥头和套筒及制造封板、锥头和套筒所采用的原材料，其品种、规格、性能等应符合现行国家产品标准和设计要求。

检查数量：全数检查。

检验方法：检查产品的质量合格证明文件、中文标志及检验报告等。

②封板、锥头、套筒外观不得有裂纹、过烧及氧化皮。

检查数量：每种抽查5%，且不应少于10只。

检验方法：用放大镜观察检查和表面探伤。

(4）金属压型板

①金属压型板及制造金属压型板所采用的原材料，其品种、规格、性能等应符合现行国家产品标准和设计要求。

检查数量：全数检查。

检验方法：检查产品的质量合格证明文件、中文标志及检验报告等。

②压型金属泛水板、包角板和零配件的品种、规格以及防水密封材料的性能应符合现行国家产品标准和设计要求。

检查数量：全数检查。

检验方法：检查产品的质量合格证明文件、中文标志及检验报告等。

③压型金属板的规格尺寸及允许偏差、表面质量、涂层质量等应符合设计要求和《钢结构工程施工质量验收规范》(GB 50205—2001）的规定。

检查数量：每种规格抽查5%，且不应少于3件。

检验方法：观察和用10倍放大镜检查及尺量。

(5）涂装材料

①钢结构防腐涂料、稀释剂和固化剂等材料的品种、规格、性能等应符合国家产品标准和设计要求。

检查数量：全数检查。

检验方法：检查产品的质量合格证明文件、中文标志及检验报告等。

②钢结构防火涂料的品种和技术性能应符合设计要求，并应经过具有资质的检测机构检测符合国家现行有关标准的规定。

检查数量：全数检查。

检验方法：检查产品的质量合格证明文件、中文标志及检验报告等。

③防腐涂料和防火涂料的型号、名称、颜色及有效期应与其质量证明文件相符。开启后，不应存在结皮、结块、凝胶等现象。

检查数量：按桶数抽查5%，且不应少于3桶。

检验方法：观察检查。

（6）钢结构用橡胶垫的品种、规格、性能等应符合现行国家产品标准和设计要求。

检查数量：全数检查。

检验方法：检查产品的质量合格证明文件、中文标志及检验报告等。

（7）钢结构工程所涉及的其他特殊材料，其品种、规格、性能等应符合现行国家产品标准和设计要求。

检查数量：全数检查。

检验方法：检查产品的质量合格证明文件、中文标志及检验报告等。

2.1.4 材料质量要求

2.1.4.1 材料质量控制

（1）为保证采购的产品符合规定的要求，应选择合适的供货方。对供货方供应能力的确认，可采用以下一种或几种方法进行：

①对供货方的能力和质量体系进行现场评价或评估；

②对产品样品进行评价；

③对比类似产品的历史情况；

④对比类似产品的试验结果；

⑤对比其他顾客的使用经验。

（2）对用于工程的主要材料，进场时必须具备正式的出厂合格证和材质证明书。如不具备或证明资料有疑义，应抽样复验，只有试验结果达到国家标准的规定和技术文件的要求时方可采用。

（3）工程中所有的钢构件必须有出厂合格证和有关质量资料。由于运输安装中出现的构件质量问题，应进行分析研究，制定纠正措施并落实。

（4）凡标志不清或怀疑质量有问题的材料、钢结构构件，受工程重要性程度决定应进行一定比例试验的材料，需要进行追踪检验以控制和保护其质量可靠性的材料和钢结构构件等，均应进行抽检，对于进口材料应进行商检。

(5) 材料质量抽样和检验方法，应符合国家有关标准和设计要求。要能反映该批材料的质量特性。对于重要的构件应按合同或设计规定增加采样的数量。

(6) 对材料的性能、质量标准、适用范围和对施工的要求必须充分了解，慎重选择和使用材料。如焊条的选用应符合母材的等级，油漆应注意上、下层的用料选择。

(7) 材料的代用要征得设计者的认可。

2.1.4.2　材料质量标准

材料质量标准是衡量材料质量的尺度，不同的材料有不同的质量标准，在材料质量控制中要根据不同的材料选用对应的质量标准来进行材料的质量验收、检验。

1. 钢材质量标准

(1) 钢结构工程所使用的钢材应符合表 2-11 所示现行国家标准的规定。

表 2-11　钢号与材料标准

序　号	钢　号	材料标准	
		标准名称	标准号
1	Q215A、Q235A、Q235B、Q235C	碳素结构钢	GB/T 700
2	Q345、Q390	低合金高强度结构钢	GB/T 1591
3	10、15、20、25、35、45	优质碳素结构钢	GB/T 699

(2) 承重结构选用的钢材应有抗拉强度、屈服强度（或屈服点）、延伸率和硫、磷含量的合格保证。对焊接结构用钢，尚应具有碳含量的合格保证。对重要承重结构的钢材，还应有冷弯试验的合格保证。

(3) 对于吊车起重量等于或大于 50t 的中级工作制焊接吊车梁、吊车桁架或类似结构的钢材，除应有以上性能合格保证外，还应有常温冲击韧性的合格保证。当设计有要求时，尚须做 -20℃和 -40℃冲击韧性试验并达到合格指标。其他重要工作制的类似钢结构钢材，必要时亦应有冲击韧性的合格保证。

(4) 钢结构工程所采用的钢材，应附有钢材的质量证明书，各项指标应达到设计文件的要求。

(5) 钢材表面质量应符合表 2-12 中国家现行有关标准的规定，当其表面有锈蚀、麻点、划伤、压痕，其深度不得大于该钢材厚度负偏差值的 1/2；工程中，优先选用 A、B 级，使用 C 级应彻底除锈；当钢材断口处发现分层、夹渣缺陷时，应会同有关单位研究处理。

（6）凡进口的钢材，应以供货国家标准或根据订货合同条款进行检验，检验不合格者不得使用。

（7）用于钢结构工程的钢板、型钢和管材的外形、尺寸、质量及允许偏差，应符合表 2-12 所示国家现行标准的要求。

表 2-12 钢材的外形、尺寸、质量及允许偏差国家标准

序 号	标准名称	标准号
1	热轧钢材和钢带的尺寸、外形、质量及允许偏差	GB/T 709
2	碳素结构钢和低合金结构钢热轧薄钢板及钢带	GB/T 912
3	碳素结构钢和低合金结构钢热轧厚钢板及钢带	GB/T 3274
4	热轧工字钢尺寸、外形、质量及允许偏差	GB/T 706
5	热轧槽钢尺寸、外形、质量及允许偏差	GB/T 707
6	热轧等边角钢尺寸、外形、质量及允许偏差	GB/T 9787
7	热轧不等边角钢尺寸、外形、质量及允许偏差	GB/T 9788
8	热轧圆钢和方钢尺寸、外形、质量及允许偏差	GB/T 702
9	结构用无缝钢管尺寸、外形、质量及允许偏差	GB/T 8162
10	热轧扁钢尺寸、外形、质量及允许偏差	GB/T 704
11	冷轧钢板和钢带的尺寸、外形、质量及允许偏差	GB/T 708
12	通用冷弯开口型钢尺寸、外形、质量及允许偏差	GB/T 6723
13	花纹钢板	GB/T 3277

2. 连接材料标准

（1）钢结构工程所使用的连接材料应符合表 2-13 所示的国家现行标准要求。

表 2-13 钢结构工程主要连接材料国家标准

序 号	标准名称	标准号
1	非合金钢及细晶粒钢焊条	GB/T 5117
2	热强钢焊条	GB/T 5118
3	熔化焊用钢丝	GB/T 14957
4	碳钢药芯焊丝	GB/T 10045
5	气体保护电弧焊用碳钢、低合金钢焊丝	GB/T 8110
6	埋弧焊用碳钢焊丝和焊剂	GB/T 5293
7	埋弧焊用低合金钢焊丝焊剂	GB/T 12470
8	冷镦和冷挤压用钢	GB/T 6478
9	钢结构用高强度大六角头螺栓、大六角螺母、垫圈技术条件	GB/T 1231
10	钢结构用扭剪型高强度螺栓连接副	GB/T 3632
11	电弧螺柱焊用圆柱头焊钉	GB/T 10433

（2）所用的连接材料均应附有合格的“产品质量证书”，并符合设计文件和国家标准的要求。

（3）钢结构工程所使用的焊条药皮不得脱落，焊芯不得生锈，所使用的焊剂不得受潮结块。

（4）保护气体的纯度应符合工艺要求。当采用二氧化碳气体保护焊时，二氧化碳纯度不应低于99.5%，且其含水量应小于0.05%，焊接重要结构时，其含水量应小于0.005%。

3. 涂装材料标准

（1）对钢结构工程所采用的涂装材料，应具有出厂质量证明书和混合配料说明书，并符合国家现行有关标准和设计要求，涂料色泽应按设计或顾客的要求，必要时可作样板，封存对比。

（2）对超过使用期限的涂料，需经质量检测合格后方可投入使用。

（3）钢结构防火涂料的品种和技术性能应符合设计要求，并经过国家检测机构检测符合国家现行有关标准的规定。

（4）钢结构防火涂料使用时应抽检粘结强度和抗压强度，并符合国家现行有关标准规定。

4. 围护材料标准

（1）压型金属板板材的品种、材质、规格、涂层和外观质量应符合设计和国家现行有关标准规定。

（2）压型金属板成型后，其基板不得有裂纹。

2.1.5 原材料管理

原材料的管理应注意以下几点：

（1）加强对材料的质量控制，材料进厂必须按规定的技术条件进行检验，合格后方可入库和使用。

（2）钢材应按种类、材质、炉号（批号）、规格等分类平整堆放，并做好标记。

（3）焊材必须分类堆放，并有明显标志，不得混放；焊材库必须干燥通风，严格控制库内温度和湿度。

（4）高强度螺栓存放应防潮、防雨、防粉尘，并按类型、规格、批号分类存放保管。对长期保管或保管不善而造成螺栓生锈及沾染脏物等可能改变螺栓的扭矩系数或性能的螺栓，应视情况进行清洗、除锈和润滑等处理，并对螺栓进行扭矩系数或预拉力检验，合格后方可使用。

（5）压型金属板应按材质、规格分别平整堆放，并妥善保管，防止发生擦痕、泥沙、油污、明显凹凸和皱折。

（6）由于油漆和耐火涂料属于时效性物资，库存积压易过期失效，故宜先进先用，注意时效管理。对因存放过久，超过使用期限的涂料，应取样进行质量检测，检测项目按产品标准的规定或设计部门要求进行。

（7）企业应建立严格的进料验证、入库、保管、标记、发放和回收制度，使影响产品质量的材料处于受控状态。

2.1.6 原材料及成品进场验收标准

1. 主控项目

原材料及成品验收主控项目，见表2-14。

表2-14 主控项目内容及验收要求（GB 50205—2001）

项目	项次	项目内容	规范条文	验收要求	检验方法	检查数量
钢材	1	钢材、钢铸件品种、规格	第4.2.1条	钢材、钢铸件的品种、规格、性能等应符合现行国家产品标准和设计要求。进口钢材产品的质量应符合设计和合同规定标准的要求	检查质量合格证明文件、中文标志及检验报告等	全数检查
钢材	2	钢材复验	第4.2.2条	对属于下列情况之一的钢材，应进行抽样复验，其复验结果应符合现行国家产品标准和设计要求。 （1）国外进口钢材； （2）钢材混批； （3）板厚等于或大于40mm，且设计有Z向性能要求的厚板； （4）建筑结构安全等级为一级，大跨度钢结构中主要受力构件所采用的钢材； （5）设计有复验要求的钢材； （6）对质量有疑义的钢材	检查复验报告	全数检查
焊接材料	1	焊接材料品种、规格	第4.3.1条	焊接材料的品种、规格、性能等应符合现行国家产品标准和设计要求	检查焊接材料的质量合格证明文件、中文标志及检验报告等	全数检查

续表

项目	项次	项目内容	规范条文	验收要求	检验方法	检查数量
焊接材料	2	焊接材料复验	第4.3.2条	重要钢结构采用的焊接材料应进行抽样复验，复验结果应符合现行国家产品标准和设计要求	检查复验报告	全数检查
连接用紧固标准件	1	成品进场	第4.4.1条	钢结构连接用高强度大六角头螺栓连接副、扭剪型高强度螺栓连接副、钢网架用高强度螺栓、普通螺栓、铆钉、自攻钉、拉铆钉、射钉、锚栓（机械型和化学试剂型）、地脚锚栓等紧固标准件及螺母、垫圈等标准配件，其品种、规格、性能等应符合现行国家产品标准和设计要求。高强度大六角头螺栓连接副和扭剪型高强度螺栓连接副出厂时应分别随箱带有扭矩系数和紧固轴力（预拉力）的检验报告	检查产品的质量合格证明文件、中文标志及检验报告等	全数检查
	2	扭矩系数	第4.4.2条	高强度大六角头螺栓连接副应按《钢结构工程施工质量验收规范》(GB 50205—2001）附录B的规定检验其扭矩系数，其检验结果应符合《钢结构工程施工质量验收规范》(GB 50205—2001）附录B的规定	检查复验报告	随机抽取，每批8套
	3	预拉力复验	第4.4.3条	扭剪型高强度螺栓连接副应按《钢结构工程施工质量验收规范》(GB 50205—2001）附录B的规定检验预拉力，其检验结果应符合《钢结构工程施工质量验收规范》(GB 50205—2001）附录B的规定	检查复验报告	随机抽取，每批8套
焊接球	1	材料品种、规格	第4.5.1条	焊接球及制造焊接球所采用的原材料，其品种、规格、性能等应符合现行国家产品标准和设计要求	检查产品的质量合格证明文件、中文标志及检验报告等	全数检查
	2	焊接球加工	第4.5.2条	焊接球焊缝应进行无损检查，其质量应符合设计要求，当设计无要求时应符合本规范中规定的二级质量标准	超声波探伤或检查检验报告	每一规格按数量抽查5%，且不应少于3个

续表

项目	项次	项目内容	规范条文	验收要求	检验方法	检查数量
螺栓球	1	材料品种、规格	第4.6.1条	螺栓球及制造螺栓球节点所采用的材料，其品种、规格、性能等应符合现行国家产品标准和设计要求	检查产品的质量合格证明文件、中文标志及检验报告等	全数检查
	2	螺栓球加工	第4.6.2条	螺栓不得有过烧、裂纹及褶皱	用10倍放大镜观察和表面探伤	每种规格抽查5%，且不应少于5只
封板、锥头和套筒	1	材料品种、规格	第4.7.1条	封板、锥头和套筒及制造封板、锥头和套筒所采用的原材料，其品种、规格、性能等应符合现行国家产品标准和设计要求	检查产品的质量合格证明文件、中文标志及检验报告等	全数检查
	2	外观检查	第4.7.2条	封板、锥头、套筒外观不得有裂纹、过烧及氧化皮	用放大镜观察检查和表面探伤	每种抽查5%，且不应少于10只
金属压型板	1	材料品种、规格	第4.8.1条	金属压型板及制造金属压型板所采用的原材料，其品种、规格、性能等应符合现行国家产品标准和设计要求	检查产品的质量合格证明文件、中文标志及检验报告等	全数检查
	2	成品、品种、规格	第4.8.2条	压型金属泛水板、包角板和零配件的品种、规格以及防水密封材料的性能应符合现行国家产品标准和设计要求	检查产品的质量合格证明文件、中文标志及检验报告等	全数检查
涂装材料	1	防腐涂料性能	第4.9.1条	钢结构防腐涂料、稀释剂和固化剂等材料的品种、规格、性能等应符合国家产品标准和设计要求	检查产品的质量合格证明文件、中文标志及检验报告等	全数检查
	2	防火涂料性能	第4.9.2条	钢结构防火涂料的品种和技术性能应符合设计要求，并应经过具有资质的检测机构检测符合国家现行有关标准的规定	检查产品的质量合格证明文件、中文标志及检验报告等	全数检查

续表

项目	项次	项目内容	规范条文	验收要求	检验方法	检查数量
其他材料	1	橡胶垫	第4.10.1条	钢结构用橡胶垫的品种、规格、性能等应符合现行国家产品标准和设计要求	检查产品的质量合格证明文件、中文标志及检验报告等	全数检查
	2	特殊材料	第4.10.2条	钢结构工程所涉及的其他特殊材料，其品种、规格、性能等应符合现行国家产品标准和设计要求	检查产品的质量合格证明文件、中文标志及检验报告等	全数检查

2. 一般项目

原材料及成品进场验收一般项目，见表2-15。

表2-15　一般项目内容及验收要求（GB 50205—2001）

项目	项次	项目内容	规范条文	验收要求	检验方法	检查数量
钢材	1	钢板厚度	第4.2.3条	钢板厚度及允许偏差应符合其产品标准的要求	用游标卡尺量测	每一品种、规格的钢板抽查5处
	2	型钢规格尺寸	第4.2.4条	型钢的规格尺寸及允许偏差符合其产品标准的要求	用钢尺和游标卡尺量测	每一品种、规格的型钢抽查5处
	3	钢材表面	第4.2.5条	钢板的表面外观质量除应符合国家现行有关标准的规定外，尚应符合下列规定： （1）当钢材的表面有锈蚀、麻点或划痕等缺陷时，其深度不得大于该钢材厚度负允许偏差值的1/2； （2）钢材表面的锈蚀等级应符合现行国家标准《涂装前钢材表面锈蚀等级和除锈等级》（GB 8923）规定的C级及C级以上； （3）钢材端边或断口处不应有分层、夹渣等缺陷	观察检查	全数检查

续表

项目	项次	项目内容	规范条文	验收要求	检验方法	检查数量
焊接材料	1	焊钉及焊接瓷环	第4.3.3条	焊钉及焊接瓷环的规格、尺寸及偏差应符合现行国家标准《圆柱头焊钉》(GB 10433)中的规定	用钢尺和游标卡尺量测	按量抽查1%，且不应少于10套
	2	焊条检查	第4.3.4条	焊条外观不应有药皮脱落、焊芯生锈等缺陷；焊剂不应受潮结块	观察检查	按量抽查1%，且不应少于10包
连接用紧固标准件	1	成品进场检验	第4.4.4条	高强度螺栓连接副，应按包装箱配套供货，包装箱上应标明批号、规格、数量及生产日期。螺栓、螺母、垫圈外观表面应涂油保护，不应出现生锈和沾染脏物，螺纹不应损伤	观察检查	按包装箱数抽查5%，且不应少于3箱
	2	表面硬度试验	第4.4.5条	对建筑结构安全等级为一级，跨度40m及以上的螺栓球节点钢网架结构，其连接高强度螺栓应进行表面硬度试验，对8.8级的高强度螺栓其硬度应为HRC21～29；10.9级高强度螺栓其硬度应为HRC32～36，且不得有裂纹或损伤	硬度计、10倍放大镜或磁粉探伤	按规格抽查8只
焊接球	1	焊接球尺寸	第4.5.3条	焊接球直径、圆度、壁厚减薄量等尺寸及允许偏差应符合《钢结构工程施工质量验收规范》(GB 50205—2001)的规定	用卡尺和测厚仪检查	每一规格按数量抽查5%，且不应少于3个
	2	焊接球表面	第4.5.4条	焊接球表面应无明显波纹及局部凹凸不平不大于1.5mm	用弧形套模、卡尺和观察检查	每一规格按数量抽查5%，且不应少于3个
螺栓球	1	螺栓球螺纹	第4.6.3条	螺栓球螺纹尺寸应符合现行国家标准《普通螺纹基本尺寸》(GB 196)中粗牙螺纹的规定，螺纹公差必须符合现行国家标准《普通螺纹公差与配合》(GB 197)中6H级精度的规定	用标准螺纹规	每种规格抽查5%，且不应少于5只
	2	螺栓球尺寸	第4.6.4条	螺栓球直径、圆度、相邻两螺栓孔中心线夹角等尺寸及允许偏差应符合《钢结构工程施工质量验收规范》(GB 50205—2001)的规定	用卡尺和分度头仪检查	每一规格按数量抽查5%，且不应少于3个

续表

项目	项次	项目内容	规范编号	验收要求	检验方法	检查数量
压型金属板	1	压型金属板规格尺寸	第4.8.3条	压型金属板的规格尺寸及允许偏差、表面质量、涂层质量等应符合设计要求和《钢结构工程施工质量验收规范》(GB 50205—2001)的规定	观察和用10倍放大镜检查及尺量	每种规格抽查5%，且不应少于3件
涂料	1	防腐涂料及防火涂料质量	第4.9.2条	防腐涂料和防火涂料的型号、名称、颜色及有效期应与其质量证明文件相符。开启后，不应存在结皮、结块、凝胶等现象	观察检查	按桶数抽查5%，且不应少于3桶

2.2 焊接工程施工质量控制

2.2.1 质量控制标准

焊接质量监控项目分为主控项目和一般项目。

1. 主控项目

钢结构焊接施工质量监督主控项目，见表2-16。

表2-16 主控项目内容及验收要求（GB 50205—2001）

项目	项次	项目内容	规范条文	验收要求	检验方法	检查数量
钢构件焊接工程	1	焊接材料品种、规格	第4.3.1条	焊接材料的品种、规格、性能等应符合现行国家产品标准和设计要求	检查焊接材料的质量合格证明文件、中文标志及检验报告等	全数检查
	2	焊接材料复验	第4.3.2条	重要钢结构采用的焊接材料应进行抽样复验，复验结果应符合现行国家产品标准和设计要求	检查复验报告	全数检查
	3	焊接材料匹配	第5.2.1条	焊条、焊丝、焊剂、电渣焊熔嘴等焊接材料与母材的匹配应符合设计要求及国家现行行业标准的规定。焊条、焊剂、药芯焊丝、熔嘴等在使用前，应按其产品说明书及焊接工艺文件的规定进行烘焙和存放	检查质量证明书和烘焙记录	全数检查

续表

项目	项次	项目内容	规范条文	验收要求	检验方法	检查数量
钢构件焊接工程	4	焊工证书	第5.2.2条	焊工必须经考试合格并取得合格证书。持证焊工必须在其考试合格项目及其认可范围内施焊	检查焊工合格证及其认可范围、有效期	全数检查
	5	焊接工艺评定	第5.2.3条	施工单位对其首次采用的钢材、焊接材料、焊接方法、焊后热处理等，应进行焊接工艺评定，并应根据评定报告确定焊接工艺	检查焊接工艺评定报告	全数检查
	6	内部缺陷	第5.2.4条	设计要求全焊透的一、二级焊缝应采用超声波探伤进行内部缺陷的检验，超声波探伤不能对缺陷做出判断时，应采用射线探伤，其内部缺陷分级及探伤方法应符合现行国家标准《钢焊缝手工超声波探伤方法和探伤结果分级法》(GB 11345)或《钢熔化焊对接接头射线照相和质量分级》(GB 3323) 的规定。 焊接球节点网架焊缝、螺栓球节点网架焊缝及圆管 T、K、Y 形节点相贯线焊缝，其内部缺陷分级及探伤方法应分别符合国家现行标准《焊接球节点钢网架焊缝超声波探伤方法及质量分级法》(JG/T 3034.1)、《螺栓球节点钢网架焊缝超声波探伤方法及质量分级法》(JG/T 3034.2)、《钢结构焊接规范》(GB 50661) 的规定。 一级、二级焊缝的质量等级及缺陷分级应符合 (GB 50661) 的规定	检查超专用波或射线探伤记录	全数检查
	7	组合焊缝尺寸	第5.2.5条	T 形接头、十字接头、角接接头等要求熔透的对接和角对接组合焊缝，其焊脚尺寸不应小于 $t/4$，见 (GB 50205) 图 5.2.5 (a)，(b)，(c)；设计有疲劳验算要求的吊车梁或类似构件的腹板与上翼缘连接焊缝的焊脚尺寸为 $t/2$，见 (GB 50205) 图 5.2.5 (d)，且不应大于 10mm。焊脚尺寸的允许偏差为 0～4mm	观察检查，用焊缝量规抽查测量	资料全数检查； 同类焊缝抽查 10%，且不应少于 3 条

续表

项目	项次	项目内容	规范条文	验收要求	检验方法	检查数量
钢构件焊接工程	8	焊缝表面缺陷	第5.2.6条	焊缝表面不得有裂纹、焊瘤等缺陷。一级、二级焊缝不得有表面气孔、夹渣弧坑裂纹，电弧擦伤等缺陷。且一级焊缝不得有咬连、未焊满、根部收缩等缺陷	观察检查或使用放大镜、焊缝量规和钢尺检查，当存在疑义时，采用渗透或磁粉探伤检查	每批同类构件抽查10%，且不应少于3件；被抽查构件中，每一类型焊缝按条数抽查5%，且不应少于1条；每条检查1处，总抽查数不应少于10处
焊钉（栓钉焊接工程）	1	焊接工艺评定	第5.3.1条	施工单位对其采用的焊钉和钢材焊接应进行焊接工艺评定，其结果应符合设计要求和国家现行有关标准的规定。瓷环应按其产品说明书进行烘焙	检查焊接工艺评定报告和烘焙记录	全数检查
	2	焊后弯曲试验	第5.3.2条	焊钉焊接后应进行弯曲试验检查，其焊缝和热影响区不应有肉眼可见的裂纹	焊钉弯曲30°后用角尺检查和观察检查	每批同类构件抽查10%，且不应少于10件；被抽查构件中，每件检查焊钉数量的1%，但不应少于1个

2. 一般项目

钢结构焊接施工质量监控一般项目，见表2-17。

表2-17 一般项目内容及验收要求（GB 50205—2001）

项目	项次	项目内容	规范条文	验收要求	检验方法	检查数量
钢构件焊接工程	1	焊接材料外观质量	第4.3.4条	焊条外观不应有药皮脱落、焊芯生锈等缺陷；焊剂不应受潮结块	观察检查	按量抽查1%，且不应少于10包

续表

项目	项次	项目内容	规范条文	验收要求	检验方法	检查数量
钢构件焊接工程	2	预热和焊后热处理	第5.2.7条	对于需要进行焊前预热或焊后热处理的焊缝，其预热温度或后热温度应符合国家现行有关标准的规定或通过工艺试验确定。预热区在焊道两侧，每侧宽度均应大于焊件厚度的1.5倍以上，且不应小于100mm；后热处理应在焊后立即进行，保温时间应根据板厚按每25mm板厚1h确定	检查预、后热施工记录和工艺试验报告	全数检查
	3	焊缝外观质量	第5.2.8条	二级、三级焊缝外观质量标准应符合规范附录A中表A0.1的规定。三级对接焊缝应按二级焊缝标准进行外观质量检验	观察检查或使用放大镜、焊缝量规和钢尺检查	每批同类构件抽查10%，具不应少于3件；被抽查构件中，每一类型焊缝按条数抽查5%且不应少于1条；每条检查1处，总抽查数不应少于10处
	4	焊缝尺寸偏差	第5.2.9条	焊缝尺寸允许偏差应符合规范附录A中表A0.2的规定	用焊缝量规检查	每批同类构件抽查10%，且不应少于3件；被抽查构件中，每种焊缝按条数各抽查5%，但不应少于1条；每条检查1处，总抽查数不应少于10外
	5	凹形角焊缝	第5.2.10条	焊成凹形的角焊缝，焊缝金属与母材间应平缓过渡；加工成凹形的角焊缝，不得在其表面留下切痕	观察检查	每批同类构件抽查10%，且不应少于3件
	6	焊缝感观	第5.2.11条	焊缝感观应达到：外形均匀、成型较好，焊道与焊道、焊道与基本金属间过渡较平滑，焊渣和飞溅物基本清除干净	观察检查	每批同类构件抽查10%，且不应少于3件；被抽查构件中，每种焊缝按数量各抽查5%，总抽查处不应少于5处

续表

项目	项次	项目内容	规范条文	验收要求	检验方法	检查数量
焊钉（栓钉）焊接工程	1	焊钉和瓷环尺寸	第4.3.3条	焊钉及焊接瓷环的规格、尺寸及偏差应符合现行国家标准《圆柱头焊钉》(GB/T 10433）中的规定	用钢尺和游标卡尺量测	按量抽查1%，且不应少于10套
	2	焊缝外观质量	第5.3.3条	焊钉根部焊脚应均匀，焊脚立面的局部未熔合或不足360°的焊脚应进行修补	观察检查	按总焊钉数量抽查1%，且不应少于10个

2.2.2 质量控制文件资料

1. 钢结构焊接工程

（1）焊条、焊丝、焊剂、电渣熔嘴等焊接材料出厂合格证明文件及检验报告。

（2）焊条、焊剂等烘焙记录。

（3）重要钢结构采用的焊接材料复验报告

（4）焊工合格证书及其认可范围、有效期。

（5）施工单位首次采用的钢材和焊接材料的焊接工艺评定报告。

（6）无损检测报告和X射线底片。

（7）焊接工程有关竣工图及相关设计文件。

（8）技术复核记录。

（9）隐蔽验收记录

（10）焊接分项工程检验批质量验收记录。

（11）不合格项的处理记录及验收记录。

（12）其他有关文件的记录。

2. 焊钉（栓钉）焊接工程

（1）焊钉、焊接瓷环等焊接材料出厂合格证明文件及检验报告。

（2）瓷环等烘焙记录。

（3）重要钢结构采用的焊钉复验报告。

（4）焊钉焊工合格证及其认可范围、有效期。

（5）施工单位首次采用的钢材和焊钉的焊接工艺评定报告。

（6）技术复核记录。

（7）隐蔽验收记录。

（8）钢结构焊钉焊接分项工程检验批质量验收记录。

（9）其他有关文件的记录。

表 2-18　钢结构制作（安装）焊接工程检验批质量验收记录表（GB 50205—2001）

<table>
<tr><td colspan="3">单位（子单位）工程名称</td><td colspan="4"></td></tr>
<tr><td colspan="3">分部（子分部）工程名称</td><td colspan="2"></td><td>验收部位</td><td></td></tr>
<tr><td colspan="2">施工单位</td><td colspan="3"></td><td>项目经理</td><td></td></tr>
<tr><td colspan="2">分包单位</td><td colspan="3"></td><td>分包项目经理</td><td></td></tr>
<tr><td colspan="3">施工执行标准名称及编号</td><td colspan="4"></td></tr>
<tr><td colspan="4">施工质量验收规范的规定</td><td colspan="2">施工单位检查评定记录</td><td>监理（建设）单位验收记录</td></tr>
<tr><td rowspan="8">主控项目</td><td>1</td><td>焊接材料品种、规格</td><td>第 4.3.1 条</td><td colspan="2" rowspan="8"></td><td rowspan="8"></td></tr>
<tr><td>2</td><td>焊接材料复验</td><td>第 4.3.2 条</td></tr>
<tr><td>3</td><td>材料匹配</td><td>第 5.2.1 条</td></tr>
<tr><td>4</td><td>焊工证书</td><td>第 5.2.2 条</td></tr>
<tr><td>5</td><td>焊接工艺评定</td><td>第 5.2.3 条</td></tr>
<tr><td>6</td><td>内部缺陷</td><td>第 5.2.4 条</td></tr>
<tr><td>7</td><td>组合焊缝尺寸</td><td>第 5.2.5 条</td></tr>
<tr><td>8</td><td>焊缝表面缺陷</td><td>第 5.2.6 条</td></tr>
<tr><td rowspan="6">一般项目</td><td>1</td><td>焊接材料外观质量</td><td>第 4.3.4 条</td><td colspan="2" rowspan="6"></td><td rowspan="6"></td></tr>
<tr><td>2</td><td>预热和后热处理</td><td>第 5.2.7 条</td></tr>
<tr><td>3</td><td>焊缝外观质量</td><td>第 5.2.8 条</td></tr>
<tr><td>4</td><td>焊缝尺寸偏差</td><td>第 5.2.9 条</td></tr>
<tr><td>5</td><td>凹形角焊缝</td><td>第 5.2.10 条</td></tr>
<tr><td>6</td><td>焊缝感观</td><td>第 5.2.11 条</td></tr>
<tr><td colspan="3" rowspan="2">施工单位检查评定结果</td><td>专业工长（施工员）</td><td></td><td>施工班组长</td><td></td></tr>
<tr><td colspan="4">项目专业质量检查员：　　　　年　　月　　日</td></tr>
<tr><td colspan="3">监理（建设）单位验收结论</td><td colspan="4">专业监理工程师：
（建设单位项目专业技术负责人）：　　　　年　　月　　日</td></tr>
</table>

表 2-18 填写说明

1. 主控项目：

（1）焊接材料的品种、规格、性能必须符合产品标准和设计要求。

（2）重要结构用焊接材料抽样复验结果符合产品标准和设计要求。

（3）焊条、焊丝、焊剂、电渣焊熔嘴等焊接材料与母材的匹配应符合设计要求 GB 50205—2001 的规定。焊接材料在使用前，应按规定进行烘焙。

（4）焊工必须有证书，持证焊工必须在其考试合格项目及其认可范围内施焊。

（5）施工单位对其首次采用的钢材、焊接材料、焊接方法、焊后热处理等，应进行焊接工艺评定，并应根据评定报告确定焊接工艺。

（6）对设计有要求全焊透的一、二级焊缝应采用超声波探伤进行内部缺陷的检验，超声波探伤不能对缺陷做出判断时，应采用射线探伤。

（7）组合焊缝尺寸。

（8）焊缝表面不得有裂纹、焊瘤等缺陷。

2. 一般项目：

（1）焊条外观不应有药皮脱落、焊芯生锈等缺陷；焊剂不应有受潮结块等外观质量缺陷。

（2）对于需要进行焊前预热或焊后热处理的焊缝，预热区在焊道两侧，每侧宽度均应大于焊件厚度的 1.5 倍以上，且不应小于 100mm；后热处理应在焊后立即进行，保温时间应根据板厚按每 25mm 板厚 1h 确定。

（3）二级、三级焊缝外观质量标准应符合 GB 50205—2001 附录 A 中表 A0.1 规定。三级对接焊缝应按二级焊缝标准进行外观质量检验。

（4）焊缝尺寸偏差。

（5）焊成凹形的角焊缝；焊缝金属与母材间应平缓过渡；加工成凹形的角焊缝，不得在其表面留下切痕。

（6）焊缝感观应外形均匀、成型较好、焊道与焊道、焊道与基本金属间过渡较平滑，焊渣和飞溅物基本清除干净。

表 2-19 焊钉（栓钉）焊接工程检验批质量验收记录表（GB 50205—2001）

<table>
<tr><td colspan="3">单位（子单位）工程名称</td><td colspan="4"></td></tr>
<tr><td colspan="3">分部（子分部）工程名称</td><td colspan="2"></td><td>验收部位</td><td></td></tr>
<tr><td colspan="3">施工单位</td><td colspan="2"></td><td>项目经理</td><td></td></tr>
<tr><td colspan="3">分包单位</td><td colspan="2"></td><td>分包项目经理</td><td></td></tr>
<tr><td colspan="3">施工执行标准名称及编号</td><td colspan="4"></td></tr>
<tr><td colspan="4">施工质量验收规范的规定</td><td colspan="2">施工单位检查评定记录</td><td>监理（建设）单位验收记录</td></tr>
<tr><td rowspan="4">主控项目</td><td>1</td><td>焊接材料品种规格</td><td>第 4.3.1 条</td><td colspan="2" rowspan="4"></td><td rowspan="4"></td></tr>
<tr><td>2</td><td>焊接材料复验</td><td>第 4.3.2 条</td></tr>
<tr><td>3</td><td>焊接工艺评定</td><td>第 5.3.1 条</td></tr>
<tr><td>4</td><td>焊后弯曲试验</td><td>第 5.3.2 条</td></tr>
<tr><td rowspan="2">一般项目</td><td>1</td><td>焊钉瓷环尺寸</td><td>第 4.3.3 条</td><td colspan="2" rowspan="2"></td><td rowspan="2"></td></tr>
<tr><td>2</td><td>焊缝外观质量</td><td>第 5.3.3 条</td></tr>
<tr><td colspan="3" rowspan="2">施工单位检查评定结果</td><td>专业工长（施工员）</td><td></td><td>施工班组长</td><td></td></tr>
<tr><td colspan="4">项目专业质量检查员：　　　　年　月　日</td></tr>
<tr><td colspan="3">监理（建设）单位验收结论</td><td colspan="4">专业监理工程师：
（建设单位项目专业技术负责人）：　　　　年　月　日</td></tr>
</table>

表 2-19 填写说明

1. 主控项目：

（1）焊接材料的品种、规格、性能，符合产品标准和设计要求。

（2）重要结构用焊接材料抽样复验结果符合产品标准和设计要求。

（3）施工单位对其采用的焊钉和钢材焊接应进行焊接工艺评定，其结果应符合设计要求和国家现行有关标准的规定。瓷环应按其产品说明书进行烘焙。

（4）焊钉焊接后应进行弯曲试验检查，其焊缝和热影响区不应有肉眼可见的裂纹。

2. 一般项目：

（1）焊钉及焊接瓷环的规格尺寸及偏差符合《圆柱头焊钉》（GB/T 10433）标准规定。

（2）焊钉根部焊脚应均匀，焊脚立面的局部未熔合或不足 360°的焊脚应进行修补。

3 钢结构紧固件质量控制与监督

3.1 质量控制与检查

3.1.1 工程质量控制要点

紧固件连接工程质量控制要点，见表3-1。

表3-1 紧固件连接工程质量控制要点（GB 50205—2001）

项次	项目	质量控制要点
1	安装孔	（1）划线后的零件在剪切或钻孔加工前后，均应认真检查，以防止划线、剪切、钻孔过程中，零件的边缘和孔心、孔距尺寸产生偏差；零件钻孔时，为防止产生偏差，可采用以下方法进行钻孔： 1）相同对称零件钻孔时，除选用较精确的钻孔设备进行钻孔外，还应用统一的钻孔模具来钻孔，以达到其互换性； 2）对每组相连的板束钻孔时，可将板束按连接的方式、位置，用电焊临时点焊，一起进行钻孔；拼装连接时可按钻孔的编号进行，可防止每组构件孔的系列尺寸产生偏差。 （2）零、部件小单元拼装焊接时，为防止孔位移产生偏差，应在底样上按孔位选用划线或挡铁、插销等方法限位固定。 （3）为防止零件孔位偏差，对钻孔前的零件变形应认真矫正；钻孔及焊接后的变形在矫正时均应避开孔位及其边缘。 （4）安装时应采用合理的工艺。 1）普通螺栓、高强螺栓的孔直径应比螺栓杆的公称直径大1.0～0.3mm，同时要求加工的孔应具有H14（或H15）的公差配合精度； 2）高强螺栓杆、螺孔的公称直径及其精度的允许偏差应达到标准，否则安装连接时会产生偏差； 3）普通螺栓、高强螺栓孔的不圆度（最大直径和最小直径之差）：孔径在17mm以下时为1.0mm；孔径在17mm及以上时为1.5mm； 4）孔中心线的倾斜度不应大于连接板厚度的3%，其中单层板不得大于2.0mm；多层板叠合不得大于3.0mm； 5）精制螺栓孔的直径与螺栓杆的公称直径应相等，两者允许偏差应根据设计施工图标准的精度来执行； 6）零件的孔距要求应按设计执行，注意两孔间的距离允许偏差。

续表

<table>
<tr><th>项次</th><th>项目</th><th>质量控制要点</th></tr>
<tr><td>1</td><td>安装孔①</td><td>
<table>
<tr><td colspan="4">A、B级螺栓孔径的允许偏差（mm）</td></tr>
<tr><td>序 号</td><td>螺栓公称直径、螺栓孔直径</td><td>螺栓公称直径允许偏差</td><td>螺栓孔直径允许偏差</td></tr>
<tr><td>1</td><td>10～18</td><td>0.00
-0.18</td><td>+0.18
0.00</td></tr>
<tr><td>2</td><td>18～30</td><td>0.00
-0.21</td><td>+0.21
0.00</td></tr>
<tr><td>3</td><td>30～50</td><td>0.00
-0.25</td><td>+0.25
0.00</td></tr>
</table>
</td></tr>
<tr><td>2</td><td>安装孔②</td><td>
<table>
<tr><td colspan="2">C级螺栓孔的允许偏差</td></tr>
<tr><td>项目</td><td>允许偏差</td></tr>
<tr><td>直径</td><td>+1.0
0.0</td></tr>
<tr><td>圆度</td><td>2.0</td></tr>
<tr><td>垂直度</td><td>0.03t，且不应大于2.0</td></tr>
</table>
<table>
<tr><td colspan="5">螺栓孔孔距允许偏差（mm）</td></tr>
<tr><td>螺栓孔孔距范围</td><td>≤500</td><td>501～1200</td><td>1201～3000</td><td>>3000</td></tr>
<tr><td>同一组内任意两孔间距离</td><td>±1.0</td><td>±1.5</td><td>—</td><td>—</td></tr>
<tr><td>相邻两组的端孔间距离</td><td>±1.5</td><td>±2.0</td><td>±2.5</td><td>±3.0</td></tr>
</table>
注：（1）在节点中连接板与一根杆件相连的所有螺栓孔为一组；
（2）对接接头在拼接板一侧的螺栓孔为一组；
（3）在两相邻节点或接头间的螺栓孔为一组，但不包括上述两项所规定的螺栓孔；
（4）受弯构件翼缘上的连接螺栓孔，每米长度范围内的螺栓孔为一组；
（5）构件安装时，为了减少构件本身的挠度及应力而导致孔位偏移，应预先用锥形撬杠或钢冲穿入连接板孔内定位，在上下叠板孔重合后，再穿入所有螺栓，暂不紧固；当个别孔位移，无法穿入螺栓时，可采用锥形撬杠或以略大于直径的钢冲打入来调整；紧固群螺栓应由中心向边缘，应对称、依次、均匀地进行。
</td></tr>
<tr><td>3</td><td>安装孔位移处理</td><td>（1）普通螺栓可用机械扩钻孔法（禁止用气割扩孔）调整位移；
（2）高强螺栓孔位移时，应先用不同规格的孔量规分次进行检查：第一次用比孔公称直径小1.0mm的量规检查，应通过每组孔数85%；第二次用比螺栓公称直径大0.2～0.3mm的量规检查应全部通过；对二次不能通过的孔应经主管设计同意后，方可采用扩孔或补径不得大于原设计孔径的2.0mm；
扩孔时应用与原孔母材相同的焊条（禁止用钢块等填塞焊）补焊，每组孔中补焊重新钻孔的数量不得超过20%，处理后均应做出记录。</td></tr>
</table>

续表

项次	项目	质量控制要点
4	铆钉连接	（1）发现铆钉松动、钉头开裂、铆钉剪断、漏铆等应及时更换、补铆，或用高级螺栓更换（应计算作等强代换），不得采用焊补、加热再铆方法处理有缺陷的铆钉。更换铆钉宜用气割割除铆钉杆头，但施工时，应注意不能烧伤主体金属，也可锯除或钻去有缺陷的铆钉。取出铆钉后，应仔细检查钉孔并予以清理。若发现有错孔、椭圆孔、孔壁倾斜等情况，当用铆钉或精制螺栓修复时，上述钉孔缺陷必须消除。为消除钉孔缺陷，应按直径增大一级予以扩钻，用直径较大级的铆钉重铆，精制螺栓的直径应根据清孔和扩孔后的孔径决定； （2）当改用高强螺栓连接时，只要不妨碍螺栓畅通，且能保证螺栓头、螺帽和支承面紧密贴合，则可不必扩孔；仅当孔壁斜度超过5°、螺栓头和螺栓不能和被夹板束的支承面完全密贴时，才需扩孔至较大直径或安放楔形垫圈； （3）需扩孔时，若铆钉间距、行距及边距均符合扩孔后铆钉或螺栓直径的现行规范规定时，扩孔的数量不受限制，否则扩孔的数量宜控制在50%范围内。如发现个别铆钉连接处贴合不紧，可用防腐蚀的合成树脂填充缝隙； （4）当在负荷状况下更换铆钉时，应根据具体情况分批更换。在更换过程中，如发现个别铆钉的应力不得超过其强度。一般不允许同时去掉占总数10%以上的铆钉，铆钉总数在10个以下时，仅允许一个一个地更换
5	螺栓连接	（1）工程用的螺栓、螺母、垫圈等连接零件应符合设计规定，并具有产品质量合格证明；保管及领用时要统一存放，严禁与其他相似的连接零件掺混； （2）为避免构件间连接受力不均，构件在剪切、钻孔和拼焊时，产生的各种变形均应进行矫平，否则因紧固的螺栓受力不均，导致连接件接触面间不能全面贴合，并局部产生空隙，造成紧固后的螺栓伸出螺母外的长度一致； （3）同一构件连接用的螺栓、螺母、垫圈的规格应统一；特殊结构部位用螺栓连接时，应根据连接件的厚度确定螺栓的长度，并执行设计规定，当设计不明确时应按下式计算螺栓的长度： $L = \delta_1 + \delta_2 + \delta_3$ 式中 L——螺栓长度（mm）； δ——连接（迭板）件厚度（mm）； δ_1——平垫圈（或弹簧垫圈）厚度（mm）； δ_2——紧固螺母（或防松副螺母）厚度（mm）； δ_3——螺杆伸出螺母外长度（2~3扣）和设计预拉力的损失值（M16~M24为5%~10%）。 （4）螺栓连接构件的紧固程序应合理；钢结构用螺栓连接的构件接点形状，多数为正方形、矩形、梯形，少量为圆形。紧固时均为按下列程序进行： 1）由构件的纵横中心对称向外侧进行； 2）预先用手力将构件上的螺栓全部按顺次法紧固，然后用扳手以对称、交替间隔的顺序法分次紧固，第一次紧固力达设计的70%；第二次紧固力达设计规定的90%；第三次紧固力达到设计规定的100%； 3）每次紧固，均应使各螺栓受力均匀。第一、二次紧固应观察并控制连接件之间的空隙均匀一致；最终紧固完成后应使连接件之间全面接触、无缝隙。可避免紧固力不均，导致螺栓伸出螺母外的长度不一

续表

项次	项目	质量控制要点
6	螺栓及螺栓连接滑移处理	（1）紧固后的螺栓伸出螺母处的长度不一致。这时即使不影响连接承载力，至少也影响螺栓的外观质量和连接的结构尺寸，也应作适当处理。处理时，应首先判明其发生的原因，根据不同情况采取相应的处理方法。 1）如果是由于紧固力不均造成的，应处理其中伸出过长、过短的螺栓。对普通螺栓处理时，用扳手先将伸出过长的螺栓进行放松调整，然后进行长、短螺栓的紧固。在紧固长、短螺栓的同时，应将上、下、左、右相邻而未调的螺栓略加紧固，使全部螺栓均匀受力，达到统一的伸出长度；对高强螺栓，表明产生了超拧、漏和欠拧，这将降低其连接强度，因此必须对螺栓进行终拧检查，其最终扭矩值均应符合设计规定； 2）如果是由于螺栓规格掺混，螺栓本身长度超长，应卸掉超长的螺栓，换上符合设计要求的同一材质、规格的螺栓上、下、左、右相邻螺栓略加紧固，使全部螺栓均匀受力；对高强螺栓，应对所有螺栓进行终拧检查，其最终扭矩值均应符合设计规定。更换的螺栓如设计规定垫有防松弹簧圈时，应更换原弹簧垫圈，以防重复紧固，降低其弹性； （2）高强螺栓断裂。螺栓断裂可发生在施工拧紧过程，也可发生在拧紧后一段时间内，拧紧过程中螺栓断裂往往是施加扭矩太大，使栓杆拉断，也有的是材质差造成的，如系个别断裂，一般仅作个别替换处理，并加强检查；如螺栓断裂发生在拧紧后的一段时期，则断裂与材质密切相关，称高强螺栓延迟（滞后）断裂，这类断裂是材质问题，应拆换同一批号全部螺栓；拆换螺栓要严格遵守单个拆换和对重要受力部位按先加固（或卸荷）后拆换原则进行； （3）摩擦型高强螺栓连接滑移。高强螺栓连接处一旦产生滑移，螺杆与孔壁抵触面受剪，由于高强螺栓抗剪能力很大，连接在滑移后仍能继续承载，只要板材和螺栓本身无异常现象，整个连接并不危险，但从摩擦型高强螺栓设计计算而言，连接已“破坏”应进行处理，对于承受静载结构，如连接滑移是因螺栓漏拧或扭紧不足造成，可采用补拧并在盖板周边加焊来处理；对于承受动载结构，应使连接在卸荷状态下更换接头板和全部高强螺栓，原母材连接处表面重作接触面处理； （4）对于连接处盖板或构件母材断裂，必须在卸荷情况下进行加固或更换
7	构件摩擦面处理	用摩擦型高强螺栓连接副增加受力强度，主要是靠连接构件接触表面之间的摩擦阻力来传递外力的。其接触面的加工，如不符合设计规范规定的标准时，将直接影响连接结构的强度，尤其对焊接与高强螺栓连接的混合结构，如焊接已能保证足够的结构强度，当受外力作用时，焊接部位易产生失稳被破坏，但高强螺栓连接的构件接触表面的加工不符规定达不到连接结构的强度时，在外力作用下易在连接强度弱的部位集中受力，则由薄弱的摩擦阻力，转变为滑动的剪力，将使螺栓被剪断，甚至导致重大事故的发生。 （1）用高强螺栓连接的钢结构工程，应按设计要求或现行施工规范规定，对连接构件接触表面的油污、锈蚀等杂物，进行加工处理，处理后的表面摩擦系数，应符合设计要求的额定值，一般为0.45～0.55； （2）为了使接触摩擦面处理后达到规定摩擦系数要求，首先应采用合理的施工工艺。处理摩擦面的加工方法可选用以下几种： 1）喷砂（丸）法：应选用干燥的石英砂，粒径为1.5～4.0mm，压缩空气的压力为0.4～0.6MPa，喷枪喷口直径为ϕ10mm，喷嘴距离钢材表面100～150mm，加工处理后的钢材表面应露出金属光泽； 2）酸洗处理加工：酸洗处理加工过程是经过酸洗→中和→清洗检验，具体工艺参数如下： ①硫酸浓度18%（质量比），内加少量硫脲，温度为70～80℃，停留时间为30～40min，其停留时间不宜过长，否则酸洗过度，钢构件厚度减薄；

续表

项次	项目	质量控制要点
7	构件摩擦面处理	②中和使用石灰水，温度为60℃左右，钢材放入水槽停留1～2min提起，然后继续放入水槽中1～2min，再转入清洗工序； ③清洗的水温为60℃左右，清洗2～3次； ④最后用酸度（pH）试纸检查中和清洗程度，达到无酸、无锈和洁净为合格。 3）砂轮打磨处理加工：一般用手提式电动砂轮，打磨方向应与高强螺栓受力方向垂直，打磨的范围应按接触面全部进行，最小的打磨范围不少于四倍螺栓直径（4*D*）；砂轮处理的规格为D40，打磨用力应均匀，平稳移动，不应在钢材表面磨出明显的划痕； 4）钢丝刷处理加工：使用圆形风刷安装在手提式电动砂轮机上，其操作方法与砂轮打磨处理加工法相同；小型零件还可用手持钢丝刷进行打磨处理； （3）零部件表面经上述方法处理后的摩擦系数应符合设计要求； （4）处理完的构件摩擦面，应有保护措施，不得涂油漆或污损其表面；制作加工的构件摩擦面，出厂时应有三组与构件同材质、同处理方法的试件，供工地安装前的复验使用
8	构件接角面间隙	（1）连接构件存在的各种变形安装前应进行认真矫正，使其接触面达到设计要求。 （2）构件在安装前对其表面及其孔壁周边的锈蚀、焊渣、毛刺和油污杂物，均应预先清理干净然后进行摩擦面的处理加工，以保证连接紧密贴合。 （3）对有坡度的钢翼缘件和不等厚板筋件连接时，为控制接触面的紧密贴合，并保证连接后的结构件传力均匀，根据其斜度、厚度偏差，应分别用斜垫板和平垫板进行调整垫平。 （4）高强螺栓的连接件表面接触应平整，当构件与拼装的接触板面有间隙时，应根据间隙大小进行处理： 1）当板面接触间隙小于或等于1.0mm时，对受力后的滑移影响不大，可不作处理； 2）接触间隙大于1.0～3.0mm时，对受力后的滑移影响较大，为消除影响，应将构件厚的一侧边缘加工成（削薄）向较薄的一侧或过数缓坡； 3）间隙大于3.0mm时，应加入垫板调平；垫板上下接触摩擦面的处理与构件处理方法相同； 4）二层或三层迭板连接的间隙大于3.0mm及其以上时，加入垫板调平
9	螺栓螺纹防护	（1）高强螺栓在储存、运输和施工过程中应防止其受潮生锈、沾污和碰伤。施工中剩余的螺栓必须按批号单独存放，不得与其他零部件混放在一起，以防撞击损伤螺纹； （2）领用高强螺栓在使用前应检查螺纹有无损伤；并用钢丝刷清理螺纹段的油污、锈蚀等杂物后，将螺母与螺栓配套顺畅通过螺纹段。配套的螺栓组件，使用时不宜互换。 （3）为了防止螺纹损伤，对高强螺栓不得作临时安装螺栓用；安装孔必须符合设计要求，使螺栓能顺畅穿入孔内，不得强行击入孔内，对连接构件不重合的孔，应进行修理符合要求后方可进行安装； （4）安装时为防止穿入孔内的螺纹被损伤，每个节点用的临时螺栓和冲钉不得少于安装孔总数的1/3，应穿两个临时螺栓；冲钉穿入的数量不宜多于临时螺栓的30%。否则当其中一构件窜动位移，导致孔内螺纹被侧向水平力或垂直力作用剪切损伤，降低螺栓截面的受力强度； （5）为防止安装紧固后的螺栓被锈蚀、损伤，将伸出螺母外的螺纹部分，涂上工业凡士林油或黄干油等作防腐保护；特殊重要部分的连结结构，为防止外露螺纹腐蚀损伤，也可加工专用螺母，其顶端具有防护盖的压紧螺母或防松副螺母保护，可避免腐蚀生锈和被外力损伤；

续表

<table>
<tr><th>项次</th><th>项目</th><th>质量控制要点</th></tr>
<tr><td>10</td><td>螺栓紧固扭矩</td><td>（1）螺栓连接的安装孔加工应准确，使其偏差控制在规定的允许范围内，以达到孔径与螺栓的公称直径合理；
（2）为了保证紧固后的螺栓达到规定的扭矩值，连接构件接触表面的摩擦系数应符合设计或施工规范的规定，同时构件接触表面不应存在过大的间隙；
（3）保证紧固后螺栓达到规定的终扭矩值，避免产生超拧和欠拧，应对使用的电动扳手和示力扳手，作定期校验检查，以达到设计规定的准确扭矩值；
（4）检查时采用示力扳手，并按初拧标志和终止线，将螺母退回（逆时针）30°~50°后再拧至原位或大于原位，这样可防止螺栓被超拧，增加其疲劳性，其终拧扭矩值与设计要求的偏差不得大于±10%；
（5）扭剪型高强螺栓紧固后，不需用其他检测手段，其尾部一梅花卡头被拧掉即为终拧结束；个别处当以专用扳手不能紧固而采用普通扳手紧固时，其尾部梅花卡头严禁用火焰割掉或撞击掉，应用钢锯锯掉，以免紧固后的终拧扭矩值发生变化</td></tr>
<tr><td>11</td><td>螺栓防松</td><td>（1）垫放弹簧垫圈的可在螺母下面垫一开口弹簧垫圈，螺母紧固后的上下轴向产生弹性压力，可起到防松作用；为防止开口垫圈损伤构件表面，可在开口垫圈下面垫一平垫圈；
（2）在紧固后的螺母上面，增加一个较薄的副螺母，使两螺母之间产生轴向压力，同时也能增加螺栓、螺母凹凸螺纹的咬合自锁长度，以达到相制约而不使螺母松动的目的。使用副螺母防松的螺栓在安装前应计算螺栓的准确长度，待防松副螺母紧固后，应使螺栓伸出副螺母外的长度不少于2扣螺纹；
（3）对永久性螺栓。可将螺母紧固后，用电焊将螺母与螺栓的相邻位置，对称点焊3~4处或将螺母与构件相点焊；或将螺母紧固后，用尖锤或钢冲在螺栓伸出螺母的侧面或靠近螺母上平面的螺纹处进行对称点铆3~4处，使螺栓上的螺纹被铆成乱丝呈凹陷，以破坏螺纹防止螺母返扣</td></tr>
<tr><td>12</td><td>高强度螺栓连接副</td><td>（1）高强度螺栓连接副储运应轻装、轻卸、防止损伤螺纹；存放、保管必须按规定进行，防止生锈和沾染污物。所选用材质必须经过检验，符合有关标准，制作出厂必须有质量保证书，严格制作工艺流程，用超探或磁粉探伤检查连接副有无发丝裂纹情况，合格后方可出厂。高强度螺栓连接副长度必须符合标准，附加长度可按下表选项用；
高强度螺栓附加长度
<table>
<tr><td>螺栓直径（mm）</td><td>12</td><td>16</td><td>20</td><td>22</td><td>24</td><td>27</td><td>30</td></tr>
<tr><td>大六角头高强度螺栓（mm）</td><td>25</td><td>30</td><td>35</td><td>40</td><td>45</td><td>50</td><td>55</td></tr>
<tr><td>扭剪型高强度螺栓（mm）</td><td>—</td><td>25</td><td>30</td><td>35</td><td>40</td><td>—</td><td>—</td></tr>
</table>
（2）高强度螺栓连接副施拧前必须对选材、螺栓实物最小载荷、预拉力、扭矩系数等项目进行检验。检验结果应符合国家标准后方可使用，高强度螺栓连接副的制作单位必须按批配套供货，并有相应的成品质量保证书；
（3）施拧前进行严格检查，严禁使用螺纹损伤的连接副，对生锈和沾染污物要进行除锈和去除污物；
（4）根据设计有关规定及工程重要性，运到现场的连接副必要时要逐个或批量按比例进行磁粉和着色损伤检查，凡裂纹超过允许规定的，严禁使用；
（5）螺栓丝扣外露长度应为2~3扣，其中允许有10%的螺栓丝扣外露1扣或4扣；
（6）大六角头高强度螺栓施工前，应按出厂批复验高强度螺全连接副的扭矩系数，每批复检8套，8套扭矩系数的平均值应在0.110~0.150范围之内，其标准偏差小于或等于0.010；
（7）扭剪型高强度螺栓施工前，应按出厂批复验高强度螺栓连接副的紧固轴力，每批复检8套，8套紧固预拉力的平均值和标准偏差应符合下表规定；</td></tr>
</table>

续表

<table>
<tr><th>项次</th><th>项目</th><th>质量控制要点</th></tr>
<tr><td>12</td><td>高强度螺栓连接副</td><td>
表5　扭剪型高强度螺栓紧固预拉力和标准偏差（kN）
<table>
<tr><td>螺栓直径（mm）</td><td>16</td><td>20</td><td>22</td><td>24</td></tr>
<tr><td>紧固预拉力的平均值 P</td><td>99 ~ 120</td><td>154 ~ 186</td><td>191 ~ 231</td><td>222 ~ 270</td></tr>
<tr><td>标准偏差</td><td>10.1</td><td>15.7</td><td>19.5</td><td>22.7</td></tr>
</table>
（8）复检不符合规定者，制作厂家、设计、监理单位协商解决或作为废品处理，为防止假冒伪劣产品，无正式质量保证书的高强度螺栓连接副严禁使用
</td></tr>
<tr><td>13</td><td>高强度螺栓摩擦面抗滑移系数</td><td>
（1）高强度螺栓连接摩擦面加工，可采用喷砂、喷（抛）丸和砂轮打磨方法，如采用砂轮打磨方法，打磨方向应与构件受力方向垂直且打磨范围不得小于螺栓直径的4倍；
（2）经过处理的抗滑移面，如沾有污物、浮锈、油漆、雨水等，都会降低抗滑移系数值，所以对加工好的连接面，必须采取保护措施；
（3）应以钢结构制造批为单位，每批三组，以单项工程等2000t为一批，不足2000t的也作为一批。试件所代表的构件应为同一材质、同一摩擦面处理工艺，同批制作使用同一性能等级、同一直径的高强度螺栓连接副，并在相同条件下同时发送；
（4）为避免偏心引起测试误差，试件连接形式采用双面对接拼接，采用两栓试件，以避免偏心影响；
（5）为避免偏心对试验值的影响，试验时要求试件的轴线与试验机夹具中心线严格对中；
（6）高强度螺栓预拉力值的大小对测定抗滑移系数有直接的影响，抗滑移系数应根据试验所测得的滑移荷载和螺栓预拉力 P_i 的实测值，按下式计算（宜取小数点后的两位有效数字）：
$$\mu = \frac{N_v}{n_f \cdot \sum_{i=1}^{m} P_i}$$
式中　N_v——由试验测得的滑移荷载（kN）；
n_f——摩擦面面数，取 $n_f = 2$；
$\sum_{i=1}^{m} P_i$——试件滑移一侧高强度螺栓预拉力实测值（或同批螺栓连接副的预拉力平均值）之和（取小数点三位有效数字）（kN）；
m——试件一侧螺栓数量，取 $m = 2$。
（7）制作厂应在钢结构制作的同时进行抗滑移系数试验。安装单位应检验运到现场的钢结构构件摩擦面抗滑移系数是否符合设计要求
</td></tr>
<tr><td>14</td><td>高强度螺栓连接板</td><td>
（1）钢构件拼装前，应清除飞边、毛刺、焊接飞溅物、油漆等；
（2）钢构件在制作拼装、组装焊接过程中必须采取合理的焊接工艺，尽量减少焊接变形；
（3）连接板厚度出现的公差一般很小，紧固后基本能解决间隙问题。如果螺栓不能自由穿入，则钢板的孔壁与螺栓产生挤压力，使钢板压紧力达不到设计要求，因此钻孔必须精确，使螺栓能自由穿入；
（4）高强度螺栓初拧、复拧的目的是把各层钢板压紧，达到密贴，一般初拧扭矩最好是终拧扭矩的50%。拧紧次序，应从螺栓中部向两端再向四周扩展，依次对称紧固，从节点刚度大的部位向约束较小的部位进行；
（5）工字钢连接应按上翼缘→下翼缘→腹面板次序紧固。同一连接面上的螺栓紧固，应由接缝中间向两端交叉进行。有两个连接构件时，应先紧固主要构件，后紧固次要构件。高层钢结构柱梁的高强度螺栓紧固顺序：顶层→底层→中间层次；
</td></tr>
</table>

续表

项次	项目	质量控制要点
14	高强度螺栓连接板	（6）高强度螺栓扳手的扭矩值很容易变动，所以必须经常检查扭矩扳手的预定值； （7）冲孔工艺不但使钢板表面局部不平整，孔边还会产生裂纹，降低钢结构的疲劳强度，所以必须采用钻孔工艺，以使板层密贴有良好的面接触； （8）钢构件在制作拼装和组装焊接过程中，存在焊接变形，可采用氧－乙炔火焰矫正，或者采用不同形式的压力机次序矫正办法； （9）高强度螺栓连接节点应穿上临时螺栓和冲钉，不得少于安装总数的1/3；临时螺栓不得少于2个，冲钉直径与孔径相同，穿入数量不宜多于临时螺栓的30%； （10）为了明确拧紧的次数，用不同记号区别初拧、复拧、终拧，可防止漏拧。 （11）高强螺栓连接板接触面不同间隙采取不同处理办法：当间隙，$T<1.0$mm时不用处理；$T=1.0\sim3.0$mm时将厚板一侧磨成1∶10的缓坡，使间隙小于1.0mm；当$T>3.0$mm时加垫板，垫板厚度不小于3mm，最多不超过三层，垫板材质和摩擦面处理方法应与构件相同

3.1.2 工程质量控制要点

1. 摩擦面的处理和要求

（1）高强螺栓连接应对构件摩擦面进行加工处理，常用处理方法有：

①喷砂、喷（抛）丸；

②砂轮打磨；

③酸洗。

应用较多的为喷砂和用砂轮打磨。

（2）高强螺栓采用喷砂处理摩擦面，贴合面上喷砂范围应不小于4t（t为孔径）。喷砂面不得有毛刺、泥土和溅点，亦不得涂刷油漆；采用砂轮打磨的方向应与构件受力方向垂直，打磨后的表面应呈铁色，并无明显不平。

（3）经表面处理的构件，连接件摩擦面应进行摩擦系数测定，其数值必须符合设计要求。安装前应逐组复验摩擦系数，合格后方可安装。

（4）处理后摩擦面应保持干燥，不得受潮或雨淋。

（5）处理后的摩擦面应在生锈前进行组装，或加涂无机富锌漆；亦可在生锈后组装，组装时应用钢丝清除表面上的氧化铁皮、黑皮、泥土、毛刺等，处理至略呈赤锈色即可。

（6）连接板与构件表面接触应平整，如有间隙应按表3-2加工方法进行处理。

表 3-2　板面接触间隙加工方法

项　次	示意图	加工方法
1	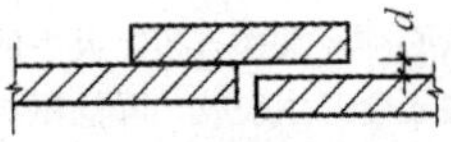 d	$d \leqslant 1.0$mm 不加工
2	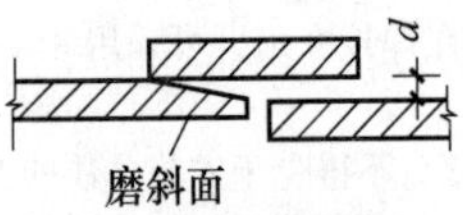 d 磨斜面	$d > 1.0 \sim 3.0$mm 将原板一侧磨成 1:10 的缓坡使间隙小于 1.0mm
3	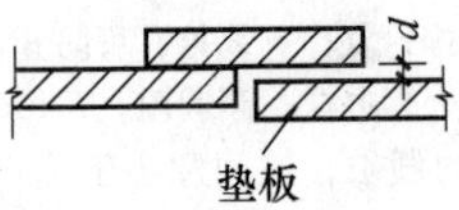 d 垫板	$d > 3.0$mm 加垫板，但垫板上下摩擦面的处理应与构件要求相同

2. 安装

(1) 高强螺栓连接副（包括一个螺栓、一个螺母和一个垫圈）应在同一包装箱中配套使用不得互换。

(2) 安装高强螺栓，应用尖头撬棒及冲钉对正上下或前后连接板的螺孔，将螺栓自由投入。

(3) 对连接构件不重合的孔，应用钻头或绞刀扩孔或修孔。

(4) 高强螺栓应顺畅穿入孔内，不得强行敲打。

(5) 安装用临时螺栓可用普通螺栓，亦可直接用高强度螺栓，其穿入数量不得少于安装孔数的 1/3，且不少于两个螺栓，如穿入部分冲钉则其数量不得多于临时螺栓的 30%。

(6) 安装时先在安装临时螺栓余下的螺孔中投满高强螺栓，并用扳手扳紧，然后将临时普通螺栓逐一换成高强螺栓，并用扳手扳紧。高强螺栓的紧固，应分二次拧紧（即初拧和终拧）每组拧紧顺序应从节点中心开始逐步向边缘两端施拧。整体结构的不同连接位置或同一节点的不同位置有两个连接构件时，应先紧主要构件，后紧次要构件。

(7) 当日安装的螺栓应在当日终拧完毕，以防构件摩擦面和螺纹沾污、生锈和螺栓漏拧。

(8) 高强螺栓紧固宜用电动扳手进行。扭剪型高强螺栓以拧掉尾部梅花卡头为终拧结束，不能使用电动扳手。初拧扭矩值不得小于终拧扭矩值的 30%，终拧扭矩值：

$M = (D + Ap)K \cdot d$，预拉力损失值，一般取设计预拉力值的 5% ~10%。

式中，M 为终拧扭矩值；$(D+Ap)$ 为预拉力值；K 为扭矩系数；d 为螺栓直径。

高强螺栓终拧后外露丝扣不得小于 2 扣。

(9) 螺栓初拧、复拧和终拧后，要做出不同标记，以便识别，避免重拧或漏拧。

(10) 高强螺栓紧固后按检验方法要求进行检查和测定。如发现欠拧、漏拧时，应补拧；超拧时应更换。处理后的扭矩值应符合设计规定。

3.2 工程施工质量控制

3.2.1 质量控制

1. 主控项目

紧固件连接工程质量验收标准主控项目，见表 3-3。

表 3-3 主控项目内容及验收要求（GB 50205—2001）

项目	项次	项目内容	规范编号	验收要求	检验方法	检查数量
普通紧固件连接	1	成品进场	第 4.4.1 条	钢结构连接用高强度大六角头螺栓连接副、扭剪型高强度螺栓连接副、钢网架用高强度螺栓、普通螺栓、铆钉，自攻钉，拉铆钉、射钉，锚栓（机械型和化学试剂型）、地脚锚栓等紧固标准件及螺母、垫圈等标准配件，其品种、规格、性能等应符合现行国家产品标准和设计要求。高强度大六角头螺栓连接副和扭剪型高强度螺栓连接副出厂时应分别随箱带有扭矩系数和紧固轴力（预拉力）的检验报告	检查产品的质量合格证明文件、中文标志及检验报告等	全数检查
	2	螺栓实物复验	第 6.3.1 条	普通螺栓作为永久性连接螺栓时，当设计有要求或对其质量有疑义时，应进行螺栓实物最小拉力载荷复验，试验方法见 GB 50205—2001 附录 B，其结果应符合现行国家标准《紧固件机械性能螺栓、螺钉和螺柱》(GB 3098) 的规定	检查螺栓实物复验报告	每一规格螺栓抽查 8 个

续表

项目	项次	项目内容	规范编号	验收要求	检验方法	检查数量
普通紧固件连接	3	匹配及间距	第6.2.2条	连接薄钢板采用的自攻钉、拉铆钉、射钉等其规格尺寸应与被连接钢板相匹配，其间距、边距等应符合设计要求	观察和尺量检查	按连接节点数抽查1%，且不应少于3个
高强度螺栓连接	1	高强度大六角头螺栓实物复验	第4.4.2条	高强度大六角头螺栓连接副应按规范附录B的规定检验其扭矩系数，其检验结果应按规范附录B的规定	检查复验报告	自待安装的螺栓批中随机抽取，每批应抽取8套连接副进行复验
	2	扭剪型高强度螺栓实物复验	第4.4.3条	扭剪型高强度螺栓连接副应按规范附录B的规定检验预期拉力，其检验结果应按规范附录B的规定	检查复验报告	自待安装的螺栓批中随机抽取，每批应抽取8套连接副进行复验
	3	抗滑移系数试验	第6.3.1条	钢结构制作和安装单位应按规范附录B的规定分别进行高强度螺栓连接摩擦面的抗滑移系数试验和复验，现场处理的构件摩擦面应单独进行摩擦面抗滑移系数试验，其结果符合设计要求	检查摩擦面抗滑移系数试验报告、复验报告	按分部（子分部）工程划分规定的工程，每2000t为一批，不足2000t的视为一批。用两种及两种以上表面处理工艺时，每种处工艺应单独检验。每批3组试件

续表

<table>
<tr><th>项目</th><th>项次</th><th>项目内容</th><th>规范编号</th><th>验收要求</th><th>检验方法</th><th>检查数量</th></tr>
<tr><td rowspan="2">高强度螺栓连接</td><td rowspan="2">4</td><td rowspan="2">终拧扭矩</td><td>第6.3.2条</td><td>高强度大六角头螺栓连接副终拧完成1h后，48h内应进行终拧扭矩检查，检查结果应符合规范附录B的规定</td><td rowspan="2">(1) 扭矩法
在螺尾端中间和螺母相对位置划线，将螺母退回60°左右，用扭矩扳手测定拧回原来位置时的扭矩值。该扭矩值与施工扭矩的念头在10%以内为合格
(2) 转角法
1) 检查初拧后在螺母与相对位置所画的终拧起始线和终止线所夹的角度是否达到规定值。
2) 在螺尾端头和螺母相对位置画线，然后全部卸松螺母，在按规定的初拧扭矩和终拧角度重新拧紧螺栓，观察与原画线是否重合。终拧转角偏差在10°以内为合格</td><td>按节点数抽查10%，且不应少于10个；每个被抽查节点按螺栓数抽查10%，且不应少于2个</td></tr>
<tr><td>第6.3.3条</td><td>扭剪型高强度螺栓连接副终拧后，除因构造原因无法使用专用扳手终拧掉梅花头外，未在终拧中拧掉梅花头的螺栓数不应大于该节点螺栓数的5%。对所有梅花头未拧掉的扭剪型高强度螺栓连接副应采用扭矩法或转角法进行终拧并作标记，且按6.3.2条规定进行终拧扭矩检查</td><td>按节点数抽查10%，但不应少于10个节点，被抽查节点中梅花头未拧掉的扭剪型高强度螺栓连接副全数进行终拧扭矩检查</td></tr>
</table>

（二）一般项目

紧固件连接工程质量控制一般项目，见表3-4。

表3-4 一般项目内容及验收要求

<table>
<tr><th>项目</th><th>项次</th><th>项目内容</th><th>规范编号</th><th>验收要求</th><th>检验方法</th><th>检查数量</th></tr>
<tr><td rowspan="2">普通紧固件连接</td><td>1</td><td>螺栓紧固</td><td>第6.2.3条</td><td>永久性普通螺栓紧固应牢固、可靠，外露丝扣不应少于2扣</td><td>观察和用小锤敲击检查</td><td>按连接节点数抽查10%，且不应少于3个</td></tr>
<tr><td>2</td><td>外观质量</td><td>第6.2.4条</td><td>自攻螺钉、钢拉铆钉、射钉等与连接钢板应紧固密贴，外观排列整齐</td><td>观察或用小锤敲击检查</td><td>按连接节点数抽查10%，且不应少于3个</td></tr>
</table>

续表

项目	项次	项目内容	规范编号	验收要求	检验方法	检查数量
高强度螺栓连接	1	成品进场检验	第4.4.4条	高强度螺栓连接副，应按包装箱配套供货，包装箱上应标明批号、规格、数量及生产日期。螺栓、螺母、垫圈外观表面应涂油保护，不应出现生锈和沾染脏物，螺纹不应损伤	观察检查	按包装箱数抽查5%，且不应少于3箱
	2	表面硬度试验	第4.4.5条	对建筑结构安全等级为一级、跨度40m及以上的螺栓球节点钢网架结构，其连接高强度螺栓应进行表面硬度试验，对8.8级的高强度螺栓其硬度应为（HRC21~29）；10.9级高强度螺栓其硬度应为HRC32~36，且不得有裂纹或损伤	硬度计、10倍放大镜或磁粉损伤	按规格抽查8只
	3	初拧、复拧扭矩	第6.3.4条	高强度螺栓连接副的施拧顺序和初拧、复拧扭矩应符合设计要求和国家现行行业标准《钢结构高强度螺栓连接技术规程》(JGJ 82）的规定	检查扭矩扳手标定记录和螺栓施工记录	全数检查
	4	连接外观检查	第6.3.5条	高强度螺栓连接副终拧后，螺栓丝扣外露应为2~3扣，其中允许有10%的螺栓丝扣外露1扣或4扣	观察检查	按节点数抽查5%，且不应少于10个
	5	摩擦面外观	第6.3.6条	高强度螺栓连接摩擦面应保持干燥、整洁，不应有飞边、毛刺、焊接飞溅物、焊疤、氧化铁皮、污垢等，除设计要求外摩擦面不应涂漆	观察检查	全数检查
	6	扩孔	第6.3.7条	高强度螺栓应自由穿入螺栓孔。高强度螺栓孔不应采用气割扩孔，扩孔数量应征得设计同意，扩孔后的孔径不应超过1.2D（D为螺栓直径）	观察检查及用卡尺检查	被扩螺栓孔全数检查

3.2.2 质量验收文件

（1）普通紧固件的产品质量合格证明文件、复验报告。

（2）高强度大六角头螺栓连接副的出厂合格证、检验报告和复验报告检查记录。

（3）摩擦面抗滑移系数试验报告，复验报告和检查记录。

（4）扭剪型高强度螺栓连接副的出厂合格证、检验报告和复验报告检查记录。

（5）摩擦面抗滑移系数试验报告、复验报告和检查记录。

（6）施工记录。

（7）技术复核记录。

（8）钢结构普通紧固件连接分项工程检验批质量验收记录。

（9）钢结构（高强度螺栓连接）分项工程检验批质量验收记录。

3.2.3　质量验收记录表（表3-5和表3-6）

表3-5　普通紧固件连接工程检验批质量验收记录表（GB 50205—2001）

<table>
<tr><td colspan="3">单位（子单位）工程名称</td><td colspan="5"></td></tr>
<tr><td colspan="3">分部（子分部）工程名称</td><td colspan="3"></td><td>验收部位</td><td></td></tr>
<tr><td colspan="2">施工单位</td><td colspan="4"></td><td>项目经理</td><td></td></tr>
<tr><td colspan="2">分包单位</td><td colspan="3"></td><td colspan="2">分包项目经理</td><td></td></tr>
<tr><td colspan="3">施工执行标准名称及编号</td><td colspan="5"></td></tr>
<tr><td colspan="4">施工质量验收规范的规定</td><td colspan="3">施工单位检查评定记录</td><td>监理（建设）单位验收记录</td></tr>
<tr><td rowspan="3">主控项目</td><td>1</td><td>成品进场</td><td>第4.4.1条</td><td colspan="3" rowspan="3"></td><td rowspan="3"></td></tr>
<tr><td>2</td><td>螺栓实物复验</td><td>第6.2.1条</td></tr>
<tr><td>3</td><td>匹配及间距</td><td>第6.2.2条</td></tr>
<tr><td rowspan="2">一般项目</td><td>1</td><td>螺栓紧固</td><td>第6.2.3条</td><td colspan="3" rowspan="2"></td><td rowspan="2"></td></tr>
<tr><td>2</td><td>外观质量</td><td>第6.2.4条</td></tr>
<tr><td colspan="3" rowspan="2">施工单位检查评定结果</td><td>专业工长（施工员）</td><td colspan="2"></td><td>施工班组长</td><td></td></tr>
<tr><td colspan="5">项目专业质量检查员：　　　　年　月　日</td></tr>
<tr><td colspan="3">监理（建设）单位验收结论</td><td colspan="5">专业监理工程师：
（建设单位项目专业技术负责人）：　　　　年　月　日</td></tr>
</table>

表3-5 填写说明

1. 主控项目

（1）钢结构连接用高强度大六角头螺栓连接副、扭剪型高强度螺栓连接副、钢网架用高强度螺栓、普通螺栓、铆钉、自攻钉、拉铆钉、射钉、锚栓（机械型和化学试剂型）、地脚锚栓等紧固标准件及螺母、垫圈等标准配件，其品种、规格、性能等应符合现行国家产品标准和设计要求。

（2）普通螺栓作为永久性连接螺栓时，当设计有要求或对其质量有疑义时，应进行螺栓实物最小拉力载荷复验，试验方法见规范附录 B，其结果应符合《紧固件机构性能螺栓、螺钉和螺柱》(GB 3098.1）的规定。

（3）连接薄钢板采用的自攻钉、拉铆钉、射钉等其规格尺寸应与被连接钢板相匹配，其间距、边距等应符合设计要求。

2. 一般项目

（1）永久性普通螺栓紧固应牢固、可靠，外露丝扣不少于 2 扣。

（2）自攻螺钉、钢拉铆钉、射钉等与连接钢板应紧固密贴，外观排列整齐。

表 3-6　高强螺栓连接工程检验批质量验收记录表（GB 50205—2001）

单位（子单位）工程名称					
分部（子分部）工程名称				验收部位	
施工单位				项目经理	
分包单位				分包项目经理	
施工执行标准名称及编号					
施工质量验收规范的规定				施工单位检查评定记录	监理（建设）单位验收记录
主控项目	1	成品进场	第 4.4.1 条		
	2	扭矩系数或预拉力复验	第 4.4.2 条或第 4.4.3 条		
	3	抗滑移系数试验	第 6.3.1 条		
	4	终拧扭矩	第 6.3.2 条或第 6.3.3 条		
一般项目	1	成品包装	第 4.4.4 条		
	2	表面硬度试验	第 4.4.5 条		
	3	初拧、复拧扭矩	第 6.3.4 条		
	4	连接外观质量	第 6.3.5 条		
	5	摩擦面外观	第 6.3.6 条		
	6	扩孔	第 6.3.7 条		
施工单位检查评定结果		专业工长（施工员）		施工班组长	
		项目专业质量检查员：　年　月　日			
监理（建设）单位验收结论		专业监理工程师： （建设单位项目专业技术负责人）：　年　月　日			

表 3-6 填写说明

1. 主控项目

（1）钢结构连接用高强度大六角头螺栓连接副、扭剪型高强度螺栓连接副、钢网架用高强度螺栓、普通螺栓、铆钉、自攻钉、拉铆钉、射钉、锚栓（机械型和化学试剂型）、地脚锚栓等紧固标准件及螺母、垫圈等标准配件，其品种、规格、性能等应符合现行国家产品标准和设计要求。

（2）扭剪型高强度螺栓连接副预拉力应符合规范 GB 50205—2001 附录 B 的规定。

（3）钢结构制作和安装单位应按规范 GB 50205—2001 附录 B 的规定分别进行高强螺栓连接摩擦面的抗滑移系数试验和复验。现场处理的构件摩擦面应单独进行摩擦抗滑移系数试验，其结果应符合设计要求。

（4）高强度大六角头螺栓连接副终拧完成 1h 后，48h 内应进行终拧扭矩检查，检查结果应符合规范 GB 50205—2001 附录 B 的规定。扭剪型高强度螺栓连接副终拧后，除因构造原因无法使用专用扳手终拧掉梅花头者外，未在终拧中拧掉梅花头的螺栓数不应大于该节点螺栓数的 5%。对所有梅花头末拧掉的扭剪型高强度螺栓连接副应采用扭矩或转角法进行终拧并作标记，并按规范 GB 50205—2001 附录 B 规定进行终拧矩检查。

2. 一般项目

（1）高强度螺栓连接副进场检查，检查包装箱上批号、规格、数量及生产日期。螺栓、螺母、垫圈外观表面的涂油保护，没有生锈和沾染脏物，螺纹没损伤。

（2）建筑结构安全等级为一级，跨度 40m 及以上的螺栓球节点钢网架结构，其连接高强度螺栓应进行表面硬度试验。8.8 级的高强度螺栓其硬度应为 HRC21 ~29；10.9 级高强度螺栓其硬度应为 HRC32 ~36，且不得有裂纹或损伤。

（3）高强度螺栓连接副的施拧顺序和初拧、复拧扭矩应符合设计要求和《钢结构高强度螺栓连接技术规程》(JGJ 82）的规定。

（4）高强度螺栓连接副终拧后，螺栓丝扣外露应为 2 ~3 扣，其中允许有 10% 的螺栓螺纹外露 1 扣或 4 扣。

（5）高强度螺栓连接摩擦面应保持干燥、整洁，不应有飞边、毛刺、焊接飞溅物、焊疤、氧化铁皮、污垢等，除设计要求外摩擦面不应涂漆。

（6）高强度螺栓应自由穿入螺栓孔。高强度螺栓孔不应采用气割扩孔，扩孔数量应征得设计同意，扩孔后的孔径不应超过 1. 2d(d 为螺栓直径)。

3.3 零、部件加工质量与保护

3.3.1 零、部件表面保护

（1）操作使用的锤顶不应突起，打锤时锤顶与零件表面应水平接触，必要时应用锤垫保护，以防止偏击使零件表面留下硬性锤痕而损伤表面。

（2）冷热弯曲、矫正加工及装配时，使用的模具和机具的表面粗糙度过分粗糙时，应加工成圆滑过渡的圆弧面。对精度要求较高的零件加工，其模具表面的加工精度不能低于2.5mm，避免突出的锐角棱边损伤零件表面；其表面损伤、划痕深度不能大于0.5mm；如超过时需补焊后打磨处理与母材平齐。

（3）重要承重结构的钢板用冲压机械剪切时，由于剪切应力很大，剪切边缘有1.5～2mm的区域产生冷作硬化，使钢材脆性增大，因此对于厚度较大承受动荷载的一类重要结构，剪切后应将金属的硬化层部分刨削或铲削除去。

（4）对重级工作制吊车梁等受拉零件的全部边缘用气割或机械剪切时，应将硬化层全部刨除；用半自动或手工气割局部时，应用机械或砂轮将局部淬硬层除去。

（5）矫正、拼装，焊接具有孔、槽和表面精度要求较高的零件时应认真加以保护，以保证结构的精度及表面不受损伤。

（6）为防止焊接损伤构件表面，引弧或打火应在焊缝中间进行；焊接对接接头和T型头的焊缝，为避免在起焊处产生温差或凹陷弧坑，应在焊件的两端设置引弧板，其材质、坡口形式应与焊件相同。

（7）焊接规定需预热的焊件，在拼装时用的引弧板、组装卡具，焊前均应按焊件规定的同温度进行预热；焊接结束应用气割切除并用砂轮打磨与母材平齐。不得用大锤击落，以免损伤母材。

（8）实腹式吊车梁等动力荷载一类的受拉构件多以低合金高强钢板组合成，该种材钢板焊接时，在局部受热（焊点、电弧擦伤）、划痕、缺口等表面损伤部位，常发生脆裂现象，因此在制造过程中必须特别注意，不许随意在梁的腹板、下翼缘等部位动火切割和点焊，吊装或运输时应设溜绳控制方向加以保护，严禁与其他物体相撞。

3.3.2 零、部件制作精度

钢结构工程制作项目的制作精度与操作人员应具具备良好的素质、合理的制作要领（工艺文件）、合格的材料、良好的机械设备和合适的工作环境有关，还要注意以下几方面的质量控制。

1. 计量器具的统一

（1）计量器具必须检定校准合格。制作、安装和检验单位应按有关规定，定期对所使用的计量器具送计量检验部门进行计量检定，并保证其在检定有效期内使用。这样就从“物”的角度保证构件尺寸的统一。

（2）计量器具的使用规范，不同计量器具有不同的使用要求。如钢卷尺在测量一定长度的距离时，应使用夹具和拉力计数器，不然的话，读数就有差异。

（3）计量器具在使用中由温差变化引起测量值的变化，要进行修正。

2. 制作过程的要求

钢结构工程制作项目的制作精度（即允许偏差）在 GB 50205—2001 及其他有关标准中都作了详细的规定，但要注意以下几点：

（1）放样、号料和切割

①放样划线时应清楚标明装配标记、螺孔标记、加强板的位置方向、倾斜标记、其他配合标记和中心线、基准线及检验线，必要时要制作样板。

②注意预留制作、安装时的焊接收缩量，切割、刨边和铣加工余量，安装预留尺寸要求，构件的起拱下料尺寸。

③划线前，材料的弯曲或其他变形应予矫正。当采用火焰矫正时，加热温度应根据钢材性能选定，但不得超过 900℃。低合金结构钢在加热矫正后应缓慢冷却。

（2）孔加工

①当孔加工采取冲孔方法进行时，板的厚度不大于 12mm，冲孔后孔周边应用砂轮打磨平整。

②分清螺栓孔的分组。节点中连接板与一根构件相连的所有螺栓孔为一组。对接接头在拼接板一侧的螺栓孔为一组。在两相邻节点或接头间的螺栓孔为一组。受弯构件翼缘上的连接螺栓孔，每米长度范围内的螺栓孔为一组。

③注意批量生产的积累误差，由于钢结构流水作业中，往往会产生批量生产的同一误差。如果偏差集中于一个方向的最大值时，会给安装精度与进度带来麻烦，特别是高层建筑中梁的集中负公差。

3.3.3 零、部件成品保护

堆放构件的地面必须垫平，避免垫点受力不均。屋架等金属结构的吊点、支点合理。屋架宜立放，以防止侧向刚度差而产生下挠或扭曲。

钢结构涂刷防锈漆地点的环境温度应为5～38℃之间，相对湿度不应大于85%。雨天或构件表面有结露时，不宜作业。涂后4h内严防雨淋。运输构件时，要采取防止变形措施，并保护好其编号。传力铣平端和铰轴孔的内壁应涂抹防锈剂，铰轴孔应加以保护。

3.3.4 应注意的质量问题

1. 金属结构零件尺寸的偏差预防

（1）划线号料前应准确看懂施工图。

（2）认真审核施工图中零件尺寸，以及零件与零件的连接。

（3）如果零件构形复杂不易确定零件的尺寸或组合连接关系时，可通过放实样确定零件尺寸。

（4）划线号料、组装和检查所使用的量具，必须定期送计量部门检定或自行严格校核，使其误差控制在表3-7规定的范围内。

表3-7 钢尺偏差控制标准（mm）

种类	标称长度	全长偏差	分度偏差			至尺寸端任意一段长度		
			毫米分度	百米分度	米分度	大于	等于	偏差
钢直尺	500	±0.15	±0.05			200	500	±0.15
	1000	±0.20				300	1000	±0.20
	1500	±0.27				1000	1500	±0.27
	2000	±0.35				1500	2000	±0.35
钢卷尺	2000	±0.6				1000	2000	±0.6
	5000	±1.2				2000	5000	±1.2
	10000	±1.8				5000	10000	±1.8
	15000	±2.0				10000	15000	±2.0
	20000	±2.5				15000	20000	±2.5
	30000	±4.0				20000	25000	±3.2
						25000	30000	±4.0
						30000	40000	±4.5
	50000	±5.0	±0.10	±0.15	±0.30	40000	50000	±5.0
						50000	60000	±6.0
						60000	70000	±7.0
						70000	80000	±8.0
	100000	±10				80000	100000	±10

注：钢尺偏差取GB 50205允许偏差；钢尺检测应遵守GB 50205的规定。

（5）用尺测量零构件时，必须把尺面紧贴零件表面；零件长度超过10m，避免钢尺产生挠度，造成测量误差，应用拉力器或弹簧秤将尺拉到

0.3MPa 的直度后，进行准确测量。

（6）划线号料时应根据不同零构件的加工量，预加加工余量。

①划线号料样板外形尺寸为 -0.5mm。

②测量样板：内卡样板应控制在 -0.5mm，外卡样板控制在 +0.5mm。

③气割缝宽度：板材或型材厚度 14mm 以下为 2mm；厚度 16 ~26mm 为 2.5mm；厚度 28 ~50mm 为 3.0mm。

④锯割缝宽度：砂轮锯切割缝宽度为锯片厚度再加 1mm；圆盘齿锯切割缝宽度为齿厚，即包括齿的倾斜量加厚度之和。

⑤刨边、铣端者每一加工端留 3 ~4mm。

⑥凡二次号料用气割时，每一切割端需留 1/2 板厚，且不小于 5mm。

⑦焊接收缩量：一般应根据焊接环境温度、被焊母材钢种、零件尺寸、截面规格、坡口形式和组对方法等综合因素考虑焊接收缩量。对不同的焊缝在正常情况下沿焊缝方向收缩率或收缩量为：

a. 沿焊缝长度纵向收缩率为 0.03% ~0.2%。

b. 沿焊缝宽度横向收缩，每条焊缝为 0.03% ~0.75%。

c. 具有加强肋的焊缝引起的构件纵向收缩量，每个加强肋每条焊缝为 0.25mm。

d. 还应考虑零件热煨加工时，对于零件、构件产生的变形量及做热矫正后的收缩量。

（7）钢材号料前和用机械剪切或气割后的变形均应进行矫正达到要求的直线度，以防造成量尺和组合的误差。变形钢材经矫正后的质量应符合下列要求：

①钢板、扁钢的局部挠曲矢高在 1m 范围内的允许偏差 Δ：

板厚 $J \leqslant 14$mm，$\Delta \leqslant 1.5$mm；$J > 14$mm，$\Delta \leqslant 1.0$mm；

②角钢、槽钢、工字钢的挠曲矢高的允许偏差为长度的 1/1000，但不大于 5mm；

③角钢：包括等边和不等边角钢肢板的不垂直度（或称扩、拼角）的允许偏差为角钢肢宽的 1/100，双肢栓接角钢的角度不得大于 90°。

④槽钢、工字钢翼缘的倾斜度允许偏差分别为翼缘宽度的 1/80 和1/100，且工字钢翼缘的倾斜度不大于 2.0mm。

（8）号料后的零件在切割前或加工后应严格进行自检和专检，使零件的几何尺寸符合设计图的规定要求。

2. 结构接头的位置要求

注意钢结构中的承重杆件对接接头的方式和拼接接头的安装位置要与实际受力方向相符。在钢结构加工制造中，应认真地做好计划用料，当材料的尺寸长度能满足构件尺寸时，尽量不采用拼接方法；如果必须采取拼接方法时，拼接用的材料、对接方式及安排的拼接位置一般应满足以下要求：

（1）垂直受力的柱构件拼接时，在保证连接的焊缝强度与钢材强度相等的条件下，应采用正焊缝对接。拼接前应对两连接端的截面进行铣平或磨平，保证对口间隙一致，以满足焊接质量达到结构受力要求。

（2）横向悬空类的承重构件，当连接焊缝的强度低于钢材强度时，为增加焊缝的强度应采用与作用力方向成45°～60°夹角的对接焊缝进行连接。如采用对接正焊缝时，则必须按设计规定的强度进行计算或采取补强加固措施，以保证设计规定的结构强度。

（3）对简支组合工字梁的受压翼缘和腹板，当拼接位置放在跨中的1/3范围内时，一般应采用45°的对接斜焊缝拼接；如采用正焊缝对接时，在焊接后应在工字梁翼缘板外的两侧、腹板的两侧，采用板件焊接或高强度螺栓连接加固。

（4）拼接连接焊缝（正、斜焊缝）的位置应放在受力较小部位，焊接时宜采用与构件同材料、同厚度的引弧板施焊，以消除弧坑、裂纹等质量缺陷。

3. 零件或结构的形状要求

施工者必须按设计规定进行施工；按施工规范的规定施工；不经设计允许，任何人无权修改工程设计的有关内容。以下各零件、部件必须按设计规定的形状进行号料、加工和组合：

（1）钢屋架杆件一类的具有角度的零件与其他板件组合焊接时，在零件的端部不应形成锐角的形状，应加工成矩形或梯形，以保证焊接质量，防止焊接时受热不均，在锐角处易产生熔化、弧坑，且应力集中，增加构件的变形。

（2）对于加固筋板一类的薄板、中板零件，焊接面不应有锐角，应按设计规定，在保证焊缝长度及强度条件下，将锐角加工成直角，以避免焊接时在锐角处的板材热量集中而产生弧坑，甚至熔化等质量缺陷。

（3）不同厚度（或不同宽度型钢）的重要受力钢板零件在对接时，为防止焊接后产生应力及疲劳，从厚板的一侧或两侧做缓坡状斜角的削薄处理，其削薄坡度为1/4。其中高层钢结构各节柱采用不同宽度的型钢（工字钢或槽钢）对接面改变宽度时，应在下节柱即较宽的型钢腹板两侧边缘按缓坡长度尺寸，采用气割割成过渡的斜坡，再用火焰煨曲，焊接，最后将两端头拼接成相等的宽度，这样可消除结构偏心受力。

（4）对接不同厚度的钢板接头的基本形式及尺寸应按如下原则进行：

①如两板厚度差不超过表3-8的规定时，则焊接接头的基本形式及尺寸按厚度尺寸来选取；

表3-8　两板厚度差

薄板的厚度	≥2～5	>5～9	>9～12	>12
允许厚度差（mm）	1	2	3	4

②如果两板厚度差超过表3-8的规定时，则应按要求在厚板的一侧或两侧作削薄处理，使对接截面相等；

③改变钢板厚度时，焊缝坡口形式和尺寸应根据不同的焊接方法按薄板的厚度选用，焊缝的厚度等于薄板的厚度。

4. 加工工艺的选择

钢零、部件加工应结合材料实际的供应品种和加工技术水平及设备条件等确定施工工艺，其中主要考虑：

（1）尽量减少钢材品种，减少构件种类编号，以防止结构应力及变形。

（2）对称零件的尺寸或孔径尺寸尽量统一，以便于加工；并有利于拼装时的互换性。

（3）合理地布置焊缝，避免焊缝之间的距离靠得太近，当材料的长度尺寸大于零件长度尺寸时，尽量减少或不作拼接焊缝；焊缝布置应对称于构件的重心或轴线对称两侧，以减少焊接应力集中和焊接变形。

（4）零件和构件连接时，应避免以不等截面和厚度相接；相接时应按缓坡形式来改变截面的形状和厚度，使连接处的截面或厚度相等，达到传力平顺均匀受力，可防止焊后产生过大的应力及增加变形。

（5）构件焊接平面的端头选型不应出现锐角形状，以避免焊接区热量集中，连接处产生较大的应力和变形。

（6）钢结构各节点及杆件端头边缘之间的距离不宜靠得太近，一般错开距离不得小于20mm，以保证焊接质量，避免焊接时热量集中增加应力，引起变形的幅度增加。

3.3.5　零、部件加工安全事项

（1）一切材料、构件的堆放必须平整稳固，应放在不妨碍交通和吊装安

全的地方，边角余料及时清除。

（2）机械和工作台等设备的布置应便于安全操作，通道宽度不得小于1m。

（3）一切机械、砂轮、电动工具、气电焊等设备都必须设有安全防护装置。

（4）对电气设备和电动工具，必须保证绝缘良好，露天电气开关要设防雨箱并加锁。

（5）凡是受力构件用电焊点固后，在焊接时不准在点焊处起弧，以防熔化塌落。

（6）焊接、切割锰钢、合金钢、有色金属部件时，应采取防毒措施。接触焊件，必要时用橡胶绝缘板或干燥的木板隔离，并隔离容器内的照明灯具。

（7）焊接、切割、气刨前，应清除现场的易燃易爆物品。离开操作现场前，应切断电源锁好闸箱。

（8）在现场射线探伤时，周围应设警戒区，并挂“危险”标志牌，现场操作人员应背离射线10m以外。在30°投射角范围内，一切人员要远离50m以上。

（9）构件就位时应用撬棍拨正，不得用手扳或站在不稳固的构件上操作。严禁在构件下面操作。

（10）用撬杠拨正物件时，必须手压撬杠，禁止骑在撬杠上，不得将撬杠放在肋下，以免回弹伤人。在高空使用撬杠不能向下使劲过猛。

（11）用尖头扳子拨正配合螺栓孔时，必须插入一定深度方能撬动构件，如发现螺栓孔不符合要求时，不得用手指塞入检查。

（12）联合冲剪机的使用。

①启动后应空运转1～2min，如有不正常声音要立即停车并将故障排除后方可启动。②剪切窄的钢板时，应用特制的扳手插进钢板的边缘，并压住钢板进行剪切。剪切下来的钢板应随时用木棍推出虎口。③调换剪刀片须切断电源，停止运转后进行，刀口须用木方掩好。④更换冲头和漏盘要停车，将操纵冲头的手柄放在空挡位置方准更换。⑤冲角钢孔时，应用特制的扳手将角钢支平稳后，方能冲孔。⑥剪切大料时，要有专人指挥，并要做到步调一致。⑦禁止冲剪已经淬过火的钢、高合金钢、圆钢、方钢和超过剪冲机性能的钢材。

（13）保证电气设备绝缘良好。在使用电气设备时，首先应该检查是否有保护接地，接好保护接地再进行操作。另外，电线的外皮、电焊钳的手柄以及一些电动工具都要保证良好的绝缘。

（14）带电体与地面、带电体之间，带电体与其他设备和设施之间，均需要保持一定的安全距离。常用的开关设备的安装高度应为1.3 ~1.5m；起重吊装的索具、重物等与导线的距离不得小于1.5m(电压在4kV及其以下)。

（15）工地或车间的用电设备，一定要按要求设置熔断器、断路器、漏电开关等器件。如熔断器的熔丝熔断后，必须查明原因，由电工更换，不得随意加大熔丝断面或用铜丝替代。

（16）手持电动工具，必须加装漏电开关，在金属容器内施工必须采用安全低电压。

（17）推拉闸刀开关时，一般应带好干燥的皮手套，头部要偏斜，以防推拉开关时被电火花灼伤。

（18）使用电气设备时，操作人员必须穿胶底鞋和戴胶皮手套，以防触电。

（19）工作中，当有人触电时，不要赤手接触触电者，应该迅速切断电源，然后立即组织抢救。

3.4　钢零件部件工程质量控制与检查

3.4.1　工程质量控制要点

零、部件加工质量控制要点见表3-9。

表3-9　零、部件加工质量控制要点

项次	项目	质量控制要点
1	样板尺寸	（1）放样人员对图纸必须清楚，发现问题时应与设计人员洽商； （2）钢结构施工中使用的钢尺，必须经过计量单位检验合格（在有效期之内），并互相核对，定出每盘钢尺的正负值。所使用的经纬仪、水准仪也同样须经计量单位检验合格方可使用； （3）用钢尺量距，钢尺摊平拉紧，应分段尺寸叠加量取全长，不准分段尺寸量取后相加累计全长； （4）样板的杆件必须调直，拼装平台的标高偏差一般控制在1mm以内； （5）对焊接节点的样板，视节点和杆件实际情况，必须留出焊接收缩值，如无经验参考值，可通过焊接试验定出； （6）样板必须经过自检、专业（监理）检验人员检验

续表

项次	项目	质量控制要点
2	下料尺寸	（1）下料人员对下料图必须看清楚，尤其是对定尺计划排料更要合理安排，才能保证下料尺寸并合理节约钢材 （2）材料外观应符合要求； （3）按有关工序规定留好加工余量及焊接收缩值。对高层钢框架柱，尚应预留弹性压缩量。具体数据由制作厂和设计人员协商确定； （4）采用无齿锯（即砂轮锯）下料时，要注意防止由于砂轮越磨越薄，致使定尺下料的杆件尺寸越下越长的现象； （5）对受力和弯曲构件，下料应按工艺规定的方向取料，弯曲件外侧不应有伤痕； （6）拼接件制孔必须是先拼接好，并矫正完毕达到拼接允许偏差之内再制孔，否则会出现误差； （7）定位靠模下料，必须随时检查靠模及成品尺寸的正确性； （8）下料件必须加工基准线或冲点标准，否则拼装无依据； （9）钢材下料宜用钢针划线，并配弹簧钢丝、直尺、角尺联合划线，以保证精度； （10）根据下料件部位的重要性，进行不同比例的抽检
3	构件热矫正	（1）原材料进场后先进行初步矫正，一般做法即常温下机械法矫正，对较大变形的零部件，材质为碳素结构钢和低合金高强度结构钢，允许加热矫正，其加热温度严禁超过正火温度 900°；用火焰矫正 Q345、Q390、35 号、45 号钢焊件，一定要在自然状态下冷却，严禁浇水冷却； （2）被加热的型钢温度控制在 880～1050℃、碳素结构钢 700℃、低合金高强度结构钢 800℃时，构件不能进行热弯。冷弯半径应为材料厚度的 2 倍以上
4	零件尺寸偏差控制	（1）划线号料前应准确看懂施工图： 1）认真审核施工图中零件尺寸，以及零件与零件的连接关系； 2）如果零、部件构形复杂不易确定零件的尺寸或组合连接关系时，可通过放实样确定准确的零件尺寸。 （2）划线号料组装和检查所使用的量具，必须定期送计量部门检定或自行严格校核。 （3）用尺测量零件时必须把尺面紧贴零件表面；零件长度超过 10m，避免钢尺产生挠度，造成测量误差，应用拉力器或弹簧秤将尺拉到 0.3MPa 的直度后，进行准确测量； （4）划线号料时应根据不同零件的加工量，预加实际的余量： 1）划线号料样板外形尺寸为 -0.5mm； 2）测量样板：内卡样板应控制在 -0.5mm，外卡样板控制在 +0.5mm； 3）气割缝宽度：板材或型材厚度 14mm 以下为 2mm；厚度 16～26mm 为 2.5mm；厚度 28～50mm 为 3.0mm； 4）锯割缝宽度：砂轮锯切割缝宽度为锯片厚度再加 1mm；圆盘齿锯切割缝宽度为齿厚，即包括齿的倾斜量加厚度之和； 5）刨边、铣端者每一加工端留 3～4mm； 6）凡二次号料用气割时，每一切割端需留板厚，且不小于 5mm； 7）焊接收缩量；一般应根据控制焊接的线能量大小、焊接环境温度、被焊母材钢种、零件尺寸、截面规格、坡口形式和组对方法等综合因素考虑焊接收缩量。对不同的焊缝在正常情况下沿焊缝方向收缩率或收缩量为：沿焊缝长度纵向收缩率为 0.03%～0.2%；沿焊缝宽度横向收缩，每条焊缝为 0.03%～0.75%；具有加强肋的焊缝引起的构件纵向收缩量，每个加强肋每条焊缝为 0.25mm。 8）还应考虑零件热煨加工和由于零件、构件产生变形，作热矫正后的收缩量。 （5）钢材在号料前和用机械剪切或气割后的变形均应进行矫正达到要求的直度，以防造成量尺和组合的误差； （6）号料后的零件在切割前或加工后应严格进行自检和专检，使零件的几何尺寸符合设计图的规定要求

续表

项次	项目	质量控制要点
5	板材边缘加工	（1）对边缘加工的钢构件宜采用精密切割，按规定留有加工余量。焊接坡口可采用一般切割方法，但必须有正确的工艺和熟练的操作。加工后表面不应有损伤和裂缝，手工切割后，表面应清理，不能有超过1mm的不平度。边缘加工的质量应符合有关规范要求； （2）对磨光顶紧的钢构件，其端部都要刨边或铣边； （3）坡口加工必须采用样板控制坡口角度和各部分尺寸。应符合国家标准《气焊、焊条电弧焊、气体保护焊和高能夹焊的推荐坡口》（GB/T 985.1—2008）和《埋弧焊的推荐坡口》（GB/T 985.2—2008）中的有关规定或工艺要求
6	零件开状加工	（1）钢屋架杆件一类的具有角度的零件与其他板件组合焊接时，在零件的端部不应形成锐角的形状，应加工成矩形或梯形，以保证焊接质量；防止焊接时受热不均，在锐角处易产生熔化、弧坑，且应力集中，增加构件的变形； （2）对于加固筋板一类的薄板、中板零件，焊接面不应有锐角，应按设计规定，在保证焊缝长度及强度条件下，将锐角加工成直角，避免焊接时在锐角处的板材热量集中而产生弧坑，甚至熔化等质量缺陷； （3）不同厚度（或不同宽度型钢）的重要受力钢板零件在对接时，为防止在焊接后产生应力及疲劳，均应从厚板的一侧或两侧做缓坡状斜角的削薄处理，其削薄坡度为1/4。其中，高层钢结构各节柱采用不同宽度的型钢（工字钢或槽钢）对接而改变宽度时，应在下节柱即较宽的型钢腹板两侧边缘按缓坡长度尺寸，采用气割割成过渡的斜坡，再用火焰煨曲、焊接，最后将两端头拼接成相等的宽度，这样可消除结构偏心受力； （4）对接不同厚度的钢板接头的基本形式及尺寸应按如下原则进行： 1）如两板厚度差不超过表3-8的规定时，则焊接接头的基本形式及尺寸按厚板的尺寸数据来选取； 2）如果两板厚度差超过表3-8的规定时，则应在厚板的一侧或两侧作削薄处理，使对接截面相等； 3）改变钢板厚度时，焊缝坡口形式和尺寸应根据不同的焊接方法按薄板的厚度使用
7	构件变形矫正	构件发生弯曲和扭曲变形的程度超过GB 50205—2001规定范围时，必须进行处理，以达到规定的质量标准要求；处理的主要方法有机械法、火焰法和机械与火焰混合矫正法。 （1）构件矫正程序 零件组成的构件变形较复杂，并具有一定的结构刚度，因此矫正时应按以下程序进行： 1）先矫正总体变形，后矫正局部变形； 2）先矫正主要变形，后矫正次要变形； 3）先矫正下部变形，后矫正上部变形； 4）先矫正主体构件，后矫正副件。 （2）机械矫正法：机械矫正主要采用顶弯机、压力机矫正弯曲构件，也可利用固定的反力架、液压式或螺旋式千斤顶等小型机械工具顶压矫正构件的变形。矫正时，将构件变形部位放在两支撑的空间处，推撑对准凸出处加压，即可调直变形的构件； （3）火焰矫正法：条形钢结构的变形的型钢及其构件主要采用火焰矫正，采用加热三角形法。它的特点是时间短，收缩量大；其水平收缩方向是沿着弯曲的一面按水平对应收缩后产生新的变形来矫正已发生的变形。加热三角形的顶点位置应在弯曲构件的凹面一侧，三角形的底边应在弯曲的凸面一侧；加热三角形的高度和底边宽度一般是型钢高度的1/5～2/3；加热温度在700～800℃之间，严禁超过900℃的正火温度；矫正的构件材料如是低合金结构钢时，矫正后必须缓慢冷却，必要时可用绝热材料加以覆盖保护，以免增加硬化组织，发生脆裂等缺陷。加热三角形矫正弯曲的构件应根据其变形方向来确定加热三角形的位置及距离： 1）上下弯曲，加热三角形在立面； 2）左右方向弯曲，加热三角形在平面。

续表

项次	项目	质量控制要点
7	构件变形矫正	（4）构件混合矫正法：钢结构混合矫正法是依靠综合作用矫正构件的变形。当变形构件符合下列情况之一者，应采用混合矫正法： 1）构件变形的程度较严重，并兼有死弯； 2）变形构件截面尺寸较大，矫正设备能力不足； 3）构件变形方向具有两个及其以上的不同方向； 4）用单一矫正方法不能矫正的变形构件，均采用混合矫正方法进行，箱形梁的扭曲被矫正后，可能会产生上拱或侧弯的新变形，对上拱变形的矫正，可在上拱处由最高点向两端用加热三角形方法矫正；侧弯矫正时除用加热三角形法单一矫正外，还可边加热边用千斤顶进行矫正； 5）加热三角形的数量多少应按构件变形的程度来确定： ①构件变形的弯距大，则加热三角形的数量要多，间距要近； ②构件变形的弯距小，则加热三角形的数量要少，间距要远； ③一般对5m以上长度或截面应在100～150mm范围内
8	钢屋架杆件轴线	（1）钢屋架制作时，应按设计施工图标定的各杆件轴线位置与尺寸放底样。设计者为了照顾到制造钢屋架时在角钢上划尺寸线的方便，往往在画图时把角钢的重心线到角钢背的距离调整到5mm的倍数，这样有目的调整对杆件实际受力影响不大；因此在审图或放拼装底样时，仍按设计图规定的重心位置划线； （2）审图和放拼装底样划线时应仔细认真，在按不同规格的角钢重心线位置划线后避免拼装时发生混件导致重心线偏移，应将各节点对称的同型杆件进行编号，以“对号入座的方式”进行拼装； （3）如设计变更或代用材料时，设计者应在图上按实际代用的材料予以修改，使节点处的板件尺寸、杆件轴线或重心线，均与实际保持一致； （4）严格对钢屋架进行审图和质量监督，检查钢屋架的节点各杆件角钢重心线汇交点是否正确，首先应确定不同规格角钢的重心线所在截面的准确位置。确定方法如下： 1）查阅对照金属材料手册中不同规格角钢规定的重心距（Z_0）的尺寸位置； 2）以角钢背免拼装钢屋架时使各节点杆件轴线或重心线的交点产生位移超差，应在拼装用的底样或底模上按各节点杆件所在位置的两侧及端部用挡铁限制定位；但在起吊时应注意卸除各杆件的限位挡铁，否则易使屋架变形或损坏，甚至发生吊装事故
9	钢屋架节点	（1）为了保证钢屋架节点处的腹杆角钢和弦杆角钢之间距离的合理性，要防止距离太远造成连接板件集中受力；距离太近时则导致施焊热量集中，严重影响焊缝金属及其周围母材金属的内在质量。正确的做法应使节点处角钢与角钢之间的空隙不小于15～20mm的距离； （2）为了保证节点处板件的结构强度及焊接质量，以符合放置檩条或屋面板的需要，应将上弦节点板的截面全部缩进5～10mm；焊接时在凹槽内敷设焊缝，上弦节点板件采用全部缩进，也可将上弦节点板件全部伸出角钢面5～10mm，但应在放檩条的部位，将伸出的板件割成与上弦角钢上平面相平、与檩条同宽的槽口，用焊接来固定檩条的连接孔件； （3）为了保证下弦节点结构具有足够的抗压和抗拉强度，对下弦节点板件应一律伸出下弦底平面5～10mm； （4）为避免钢屋架上下弦杆节点处的对接角钢加固件存在应力，应按不同的结构位置进行加工、处理： 1）上弦中间八字形节点处的对接加固角钢件应按设计规定的长度，在加固角钢件平面中间位置采用切口或煨成八字形角度后，并将拼接角钢的背棱直角切去5mm左右，使其紧贴于拼接加固角钢的内侧；否则不经煨曲和切棱处理而采用工具施加外力强行紧贴，会使节点对接处在焊后产生较大的应力；

续表

项次	项目	质量控制要点
9	钢屋架节点	2）对于其他钢结构的承重构件采用角钢拼接时，应一律将拼接的加固角钢的背棱作截切处理，使拼接加固后的角钢紧贴于内侧；拼接角钢应用同型号角钢切割制成，竖肢切去的高度应保证连接焊缝的用量。 为了使拼接加固角钢与拼接用的垫板不产生过大应力，垫板、角钢的规格应按以下原则选用： ①拼接用的垫板长度应根据设计所需焊缝的强度来确定，但最短长度不能少于400～500mm； ②垫板的厚度取被拼接角钢的连接肢宽加上20～30mm； ③垫板的厚度与构件各处所用的节点板的厚度相同； ④凡是钢结构中的承重单、双角钢的构件拼接时，除用角钢在内外角拼接处加固外，还可采用钢板从内外加固，所采用的拼接加固角钢或钢板的强度应与被拼接的角钢等强度； ⑤对钢结构横向承重的中间带连接板双层结构的角钢件或其他型钢件的拼接接头位置不可重合，应错开200mm以上的距离，避免由于对接处焊接应力集中，降低结构强度
10	钢屋架起拱高度	（1）为了保证屋架的拱度正确，提高结构强度，防止安装后的屋架、屋盖在自重和其他荷载作用下产生过大的挠度，影响结构的受力及安全，因此要在制作钢屋架时按设计规定进行起拱，当设计不明确时，一般应按以下原则进行起拱： 1）跨度≥15m的三角形屋架应起拱； 2）跨度≥24m的梯形屋架应起拱； 3）规定起拱的三角形屋架和梯形屋架的起拱高度一般按屋架高度的1/500； 4）确定起拱高度位置应按以下规定进行： ①三角形屋架起拱高度位置应在中心垂撑位置确定起拱规定的高度。 ②梯形屋架起拱高度位置应按设计规定的尺寸，在其中心垂撑的两侧。 5）屋架起拱时，对其下弦、上弦应按起拱的规定高度同时进行抬高，否则只顾下弦抬高，不顾上弦，将会使制成后的屋架高度低于设计高度。 （2）为保证钢屋架制作时的起拱高度及拱度曲率均匀，应按以下方法加工拱度： 1）拼装时预先在拼装底样或模具上划出规定的起拱线后，按起拱线进行起拱； 2）拱度圆弧的加工应按起拱曲率半径制定的起拱线进行起拱；按工法将下弦加工出起拱圆弧，禁止采用挡铁固定后用工具施加外力强制法加工圆弧； （3）加工的拱度圆弧曲率符合样板要求后，拼装时应在平台或模具上按底样进行拼装，以保证拱度圆弧曲率的正确；为防止拼装后拱度圆弧及其他部位发生变形，在吊装或运输时，应在钢屋架上下弦的内侧用适宜规格直径的圆木杆按跨度尺寸，进行不同方式的加固，并选择正确的吊点
11	承重构件对接接头	（1）钢结构施工前，首先应认真审图，当有疑义时，应通过联系单等书面材料向设计者通报，经确定后方得进行施工； （2）在钢结构加工制造中，应认真地进行计划用料，当材料的尺寸长度能满足构件尺寸要求时尽量不用拼接；当构件的尺寸大于材料的尺寸必须采取拼接时，拼接用的材料、对接方式及位置安放应保证构件的受力强度； 承重构件的拼装，一般应满足下列要求： 1）垂直受力的柱构件拼接时，在保证连接的焊缝强度与钢材强度相等的条件下，应采用正焊缝对接；拼接前应对两连接端的截面进行铣平或磨平，保证对口间隙一致，以满足焊接质量达到结构受力要求；

续表

项次	项目	质量控制要点
11	承重构件对接接头	2）横向悬空类的承重构件，当连接焊缝的强度低于钢材强度时，为增加焊缝的强度应采用与作用力方向成40°～60°夹角的对接斜焊缝进行连接；如采用对接正焊缝时，则必须按设计规定的强度进行计算或采取补强加固措施，以保证设计规定的结构强度； 3）对简支组合工字梁的受压翼缘和腹板，当拼接位置放在跨中的1/3范围内时，一般应采用40°的对接斜焊缝拼接；如采用对接正焊缝时，在焊接后应在工字梁翼缘板外的两侧腹板的两侧，采用板件焊接或高强螺栓连接加固； 4）拼接连接焊缝（正、斜焊缝）的位置应放在受力较小的部位，焊接时宜采用与构件同材料、同厚度的引弧板施焊，以消除弧坑、裂纹等质量缺陷
12	构件裂纹处理	发现裂缝就应对该批同类构件作全面细致地检查。裂缝检查可采用包有橡皮的木槌轻敲构件各部分，如声音不清脆、传音不匀，可判定有裂缝损伤；也可用10倍以上放大镜观察构件表面，如发现油漆表面有直线黑褐色锈痕、油漆表面有细直开裂、油漆条形小块起鼓里面有锈末，构件就有可能开裂，应铲除油漆仔细检查；还可在有裂缝症状处用滴油剂方法检查，不存在裂缝时，油渍成圆弧状扩散，有裂缝时油渗入裂缝成线状伸展。 在全面细致地对同批同类构件进行检查后，还要对裂缝附近构件的材质和制作条件进行综合分析找出事故原因： （1）构件裂缝细小、长度较短时，处理方法如下： 1）用电钻在裂缝两端各钻一直径约12～16mm的圆孔（直径大致与钢材厚度相等），裂缝尖端必须落入孔中，减小裂缝处应力集中。 2）沿裂缝边缘用气割或风铲加工成K形（厚板为X形）坡口。 3）裂缝端部及缝侧金属预热到150～200℃，用焊条（Q235钢用FA316、9345钢用E5016）堵焊裂缝，堵焊后用砂轮打磨平整为佳。 （2）裂缝较大，或出现网状、分叉裂纹区，甚至出现破裂时，应进行加固修复，一般采用拼接板或更换有缺陷部分。拼接板的总厚度不得小于梁腹板的厚度，焊缝厚度与拼接板板厚相等。 修复可按下列顺序：①割除已破坏的部分；②修理可保留的部分；③用新制的插入件修补割去的破坏部分
13	构件钢板夹层缺陷检查与处理	（1）钢材内部夹层在加工构件前肉眼很难发现，需靠探伤手段预先发现，因其工作量很大，难以实现。因此，要及时发现夹层缺陷，应在钢材下料前检查周边有无夹层；切割时和切割后应检查钢材边缘有无夹层现象；焊接后认真检查沿钢材断口处有无夹层。发现钢材有夹层缺陷，就应用探伤方法探明其深度、伸展范围和分布状况等，夹层深度可用超声波仪器测探，或在板上钻一小孔，用酸腐蚀后用放大镜观察。 （2）夹层缺陷通常在气割、焊接等加工、制造过程中显露出来，而此时钢材往往已成半成品，处理较麻烦。通常夹层在离断口处25mm范围内，可用碳弧气刨扩大长度100mm，焊接后用砂轮打磨平即可使用。 （3）对有夹层缺陷的构件，应根据构件所在部位、受力方向、承受的荷载性质，采取不同对策，或不予处理，或剔出来更换，或对构件夹层采取处理。下面分几类构件介绍夹层的处理方法： 1）桁架节点板夹层处理；对于屋盖结构非直接承受动荷载和其他承受静荷载桁架，节点板不太严重的夹层，经过处理可以使用。屋架节点板有夹层，当夹层深度小于节点板高度三分之一时，可将夹层表面铲成V形坡口，焊合处理，当容许在角钢和节点板上钻孔时，也可用高强螺栓拧合；当夹层深度等于或大于节点板高度三分之一时，应将节点板拆换处理。

续表

项次	项目	质量控制要点
13	构件钢板夹层缺陷检查与处理	2）实腹式梁、柱翼缘和腹板夹层处理：当承受静载实腹梁和实腹柱翼缘与腹板有夹层存在，可按下述方法处理： ①在1m长度内，板夹层总长度（连续或间断）不超过200mm，夹层深度不超过板断面高度五分之一且不大于100mm时，可不作处理，仍可使用； ②当夹层总长度超过200mm，而夹层深度不超过断面高度五分之一，可将夹层表面铲成V形坡口予以焊合； ③当夹层深度超过断面高度五分之、但小于二分之一，可采用电铆钉，焊后磨平处理；或在夹层处钻孔，用精制螺栓或高强螺栓拧合，此时应验算孔所削弱的截面强度，为保证截面承载能力，应在板两侧用加强板加强，螺栓间距按构造要求选取； ④当夹层深度超过断面高度的二分之一时，应将有夹层缺陷的一段板全部切除，另换新板

3.4.2 工程质量检查要点

（1）零件加工放样

①放样工作包括：核对构件各部分尺寸和孔距；以1:1的大样放出节点；制作样板和样杆作为切割、弯制、铣、刨、制孔等加工的依据。

②放样应在专门的钢平台或平板上进行。平台应平整，尺寸应满足工程构件的尺度要求。放样划线应准确清晰。

③放样常用量具：钢盘尺、钢卷尺、1m钢板尺、弯尺。常用工具有：地规、划规、座弯尺、手锤、样冲、粉线、划针等。

④放样时，要先划出构件的中心线，然后再划出零件尺寸，得出实样，实样完成后，应复查一次主要尺寸，发现差错应及时改正。焊接构件放样重点是控制连接焊缝长度和型钢重心，并根据工艺要求预留切割余量、加工余量或焊接收缩余量，应当符合表3-10的规定放样，桁架上下弦应同时起拱，竖腹杆方向尺寸保持不变，吊车梁应按*L*/500起拱。

表3-10 放样加工形式及余量规定

名称	加工或焊接形式	预留余量（mm）
切割余量（切割和等离子切割）	自动或半自动切割 手工切割	3.0~4.0 4.0~5.0
加工余量（刨铣加工）	剪切后刨铣或端铣 气割后刨铣或端铣	3.0~4.0 4.0~5.0
焊接收缩余量	纵向收缩：对接焊缝（每m焊缝） 连续角焊缝（每m焊缝） 间断角焊缝（每m焊缝） 横向收缩角焊缝（板厚3~50mm） 连续角焊缝（板厚3~30mm） 间断角焊缝（板厚3~25mm）	0.15~0.30 0.20~0.40 0.05~0.10 0.80~3.10 0.50~0.80 0.20~0.40

（2）样板、样杆

①样板分号料样板和成型样板两类，前者用于划线下料，后者多用于卡型和检查曲线成型偏差。样板多用0.3～0.75mm铁皮或塑料板制作，对一次性样板可用油毡黄纸板制作。

②对又长又大的型钢号料、号孔，批量生产时多用样杆号料，可避免大量麻烦和出错。样杆多用20mm×0.8mm扁钢制作，长度较短时，可用木尺杆。

③样板、样杆上要标明零件号、规格、数量、孔径等，其工作边缘要整齐，其上标记刻制应细、小、清晰、其长度和宽度几何尺寸允许偏差+0、-1.0mm；矩形对角线之差不大于1mm；相邻孔眼中心距偏差及孔心位移不大于0.5mm。

（3）下料

①号料采用样板、样杆，根据图纸要求在板料或型钢上划出零件形状及切割、铣、刨弯曲等加工线以及钻孔、打冲孔位置。

②号料前要根据图纸用料要求和材料尺寸合理配料。尺寸大、数量多的零件，应统筹安排，长短搭配，先大后小，以节约原材料和提高利用率。大型构件的板材宜使用定尺料，使定尺的宽度或长度为零件宽度或长度的倍数。

③配料时，对焊缝较多、加工量大的构件，应先号料；拼接口应避开安装孔和复杂部位；工型部件的上下翼板和腹板的焊接口应错开200mm以上；同一构件需要拼接料时必须同时号料，并要标明接料的号码、坡口形式和角度；气割零件和需加工（刨边端铣）零件需预留加工余量、气割余量值见表3-10。

④在焊接结构上号孔，应在焊接完毕经整形以后进行，孔眼应距焊缝边缘50mm以上。

⑤号料公差：长、宽±1.0mm，两端眼心距±1.0mm；对角线差±1.0mm；相邻眼心距±0.5mm；两排眼心距±0.5mm；冲点与眼心距位移±0.5mm。

（4）切割

①号料之后，一般应接着进行切割工作。切割方法有机械切割、氧气切割和等离子切割等方法。

②机械切割，剪切钢板多用龙门剪切机；剪切型钢一般用型钢剪切机，还有砂轮锯、无齿锯等切割方法，具有剪切速度快，精度高，使用方便等优点；氧气切割多用于长条形钢板零件，下料较方便，且易保证平整；一般较

长的直线或大圆弧的切割多用半自动或自动氧气切割机进行，可提高工效和质量。气割主要应用于各种碳素结构钢和低合金结构钢材。对中碳钢采取气割时，应采取预热和缓冷措施，以防切口边缘产生裂纹或淬硬层。但对厚度小于3mm的钢板，因其受热后变形较大，不宜使用气割方法。等离子切割不受材质的限制，切割速度高，切口较窄，热影响区小，变形小，切割边质量好，可用于乙炔焰和电弧所不能切割或难以切割的钢材。

③切割时，应清除钢材表面切割区域内的铁锈、油污等；切割后，断口上不得有裂纹和大于1.0mm的缺棱，并应清除边缘上的熔瘤和飞溅物等。

④切割的质量要求：切割截面与钢材表面不垂直度应不大于钢材厚度的10%，且不得大于2.0；机械剪切割的零件，剪切线与号料线的允许偏差为2mm；断口处的截面上不得有裂纹和大于1.0mm的缺棱；机械剪切的型钢，其端部剪切斜度不大于2.0mm，并均应清除毛刺；切割面必须整齐，个别处出现缺陷，要进行修磨处理。

（5）矫正

①钢材在运输、装卸、堆放和切割过程中，有时会产生不同程度弯曲波浪变形，当变形值超过允许值时，必须在划线下料之前及切割之后予以平直矫正。

②常用的矫正方法有人工矫正、机械矫正、火焰矫正、混合矫正等。

3.5　钢结构零部件工程施工质量验收

3.5.1　质量验收标准

1. 主控项目

表3-11　主控项目内容及验收要求

项目	项次	项目内容	规范条文	验收要求	检验方法	检查数量
钢结构零部件加工	1	材料品种、规格	第4.2.1条	钢材、钢铸件的品种、规格、性能等应符合现行国家产品标准和设计要求。进口钢材产品的质量应符合设计和合同规定标准的要求	检查质量合格证明文件、中文标志及检验报告等	全数检查

续表

项目	项次	项目内容	规范条文	验收要求	检验方法	检查数量
钢结构零部件加工	2	钢材复验	第4.2.2条	对属于下列情况之一的钢材，应进行抽样复验，其复验结果应符合现行国家产品标准和设计要求： （1）国外进口钢材； （2）钢材混批； （3）板厚等于或大于40mm，且设计有Z向性能要求的厚板； （4）建筑结构安全等级为一级，大跨度钢结构中主要受力构件所采用的钢材； （5）设计有复验要求的钢材； （6）对质量有疑义的钢材	检查复验报告	全数检查
	3	切面质量	第7.2.1条	钢材切割面或剪切面应无裂纹、夹渣、分层和大于1mm的缺棱	观察或用放大镜及百分尺检查，有疑问时作渗透、磁粉或超声波探伤检查	全数检查
	4	矫正和成型	第7.3.1条	碳素结构钢在环境温度低于−16℃、低合金结构钢在环境温度低于−12℃时，不应进行冷矫正和冷弯曲。碳素结构钢和低合金结构钢在加热矫正时，加热温度不应超过900℃。低合金结构钢在加热矫正后应自然冷却	检查制作工艺报告和施工记录	全数检查
			第7.3.2条	当零件采用热加工成型时，加热温度应控制在900～1000℃；碳素结构钢和低合金结构钢在温度分别下降到700℃和800℃之前，应结束加工；低合金结构钢应自然冷却	检查制作工艺报告和施工记录	
	5	边缘加工	第7.4.1条	气割或机械剪切的零件，需要进行边缘加工时，其刨削量不应小于2.0mm	检查工艺报告和施工记录	全数检查
	6	制孔	第7.6.1条	A、B级螺栓孔（Ⅰ类孔）应具有H12的精度，孔壁表面粗糙度 R_a 不应大于12.5μm。其孔径的允许偏差应符合规范GB 50205表7.6.1−1规定。 C级螺栓孔（Ⅱ类孔），孔壁表面粗糙度 R_a 不应大于25μm，其允许偏差符合规范GB 50205表7.6.1−2的规定	用游标卡尺或孔径量规检查	按钢构件数量抽查10%，且不应少于3件

续表

项目	项次	项目内容	规范条文	验收要求	检验方法	检查数量
钢网架制作工程	1	材料品、规格	第4.5.1条	焊接球及制造焊接球所采用的原材料，其品种、规格、性能等应符合现行国家产品标准和设计要求	检查产品的质量合格证明文件、中文标志及检验报告等	全数检查
		螺栓球加工	第4.6.1条	螺栓球及制造螺栓球节点所采用的原材料，其品种、规格、性能等应符合现行国家产品标准和设计要求	检查产品的质量合格证明文件、中文标志及检验报告等	全数检查
		焊接球加工	第4.7.1条	封板、锥头和套筒及制造封板、锥头和套筒所采用的原材料，其品种规格、性能等应符合现行国家产品标准和设计要求	检查产品的质量合格证明文件、中文标志及检验报告等	全数检查
	2	螺栓球加工	第7.5.1条	螺栓球成型后，不应有裂纹、褶皱、过烧	10倍放大镜观察检查或表面探伤	每种规格抽查10%，且不应少于5个
			第4.6.2条	螺栓球不得有过烧、裂纹及褶皱	用10倍放大镜观察和表面探伤	每种规格抽查5%，且不应少于5个
	3	焊接球加工	第7.5.2条	钢板压成半圆球后，表面不应有裂纹、褶皱；焊接球其对接坡口应采用机械加工，对接焊缝表面应打磨平整	用10倍放大镜观察和表面探伤	每种规格抽查5%，且不应少于5个
			第4.5.2条	焊接球焊缝应进行无损检验，其质量应符合设计要求，当设计无要求时应符合《钢结构工程质量验收规范》(GB 50205—2001）中规定的二级质量标准	超声波探伤或检查检验报告	每一规格按数量抽查5%，且不应少于3个
	4	封板、锥头、套筒	第4.7.2条	封板、锥头、套筒外观不得有裂纹、过烧及氧化皮	用放大镜观察检查和表面探伤	每种规格抽查5%，且不应少于10个

续表

项目	项次	项目内容	规范条文	验收要求	检验方法	检查数量
钢网架制作工程	5	制孔	第 7.6.1 条	A、B 级螺栓孔（Ⅰ类孔）应具有 H12 的精度，孔壁表面粗糙度 R_a 不应大于 12.5μm。其孔径的允许偏差应符合规范 GB 50205 中表 7.6.1－1 规定。 C 级螺栓孔（Ⅱ类孔），孔壁表面粗糙度 R_a 不应大于 25μm，其允行偏差应符合规范GB 50205 中表 7.6.1－2 的规定	用游标卡尺或孔径量规检查	按钢构件数量抽查 10%，且不应少于 3 件

2. 一般项目

表 3-12　一般项目内容及验收要求

项目	项次	项目内容	规范条文	验收要求	检验方法	检查数量
钢结构零、部件制作	1	材料规格尺寸	第 4.2.3 条	钢板厚度及允许偏差应符合其产品标准的要求	用游标卡尺量测	每一品种、规格的钢板抽查 5 处
			第 4.2.4 条	型钢的规格尺寸及允许偏差符合其产品标准的要求	用钢尺和游标卡尺量测	每一品种、规格的型钢抽查 5 处
	2	钢材表面质量	第 4.2.5 条	钢材的表面外观质量除应符合国家现行有关标准的规定外，尚应符合下列规定： （1）当钢材的表面有锈蚀、麻点或划痕等缺陷时，其深度不得大于该钢材厚度负允许偏差值的 1/2； （2）钢材表面的锈蚀等级应符合现行国家标准《涂装前钢材表面锈蚀等级和除锈等级》（GB/T 8923.1）规定的 C 级及 C 级以上； （3）钢材端边或断口处不应有分层、夹渣等缺陷	观察检查	全数检查
	3	切割精度	第 7.2.2 条	气割的允许偏差应符合规范 GB 50205 中表 7.2.2 的规定	观察检查或用钢尺、塞尺检查	按切割面数抽查 10%，且不应少于 3 个

续表

项目	项次	项目内容	规范条文	验收要求	检验方法	检查数量
钢结构零、部件制作	3	切割精度	第7.2.3条	机械剪切的允许偏差应符合规范 GB 50205 中表7.2.3的规定	观察检查或用钢尺、塞尺检查	按切割面数抽查10%，且不应少于3个
	4	矫正质量	第7.3.3条	矫正后的钢材表面，不应有明显的凹面或损伤，划痕深度不得大于0.5mm，且不应大于该钢材厚度负允许偏差的1/2	观察检查和实测检查	全数检查
			第7.3.4条	冷矫正和冷弯曲的最小曲率半径和最大弯曲矢高应符合规范 GB 50205 中表7.3.4的规定	观察检查和实测检查	按冷矫正和冷弯曲的件数抽查10%，且不应少于3个
	5	边缘加工精度	第7.3.5条	钢材矫正后的允许偏差，应符合规范 GB 50205 中表7.3.5的规定	观察检查和实测检查	按矫正件数抽查10%，且不应少于3件
			第7.4.2条	边缘加工允许偏差应符合规范 GB 50205 中表7.4.2的规定	观察检查和实测检查	按加工面数抽查10%，且不应少于3件
	6	制孔精度	第7.6.2条	螺栓孔孔距的允许偏差应符合规范 GB 50205 中表7.6.2的规定	用钢尺检查	按钢构件数量抽查10%，且不应少于3件
			第7.6.3条	螺栓孔孔距的允许偏差超过表7.6.2规定的允许偏差时，应采用与母材材质相匹配的焊条补焊后重新制孔	观察检查	全数检查
钢网架制作	1	材料规格尺寸	第4.2.3条	钢板厚度及允许偏差应符合其产品标准的要求	用钢尺和游标卡尺量测	每一品种、规格的型钢抽查5处
			第4.2.4条	型钢的规格尺寸及允许偏差符合其产品标准的要求	用钢尺和游标卡尺量	每一品种、规格的型钢抽查5处
	2	螺栓球加工精度	第7.5.3条	螺栓球加工的允许偏差应符合规范 GB 50205 中表7.5.3的规定	见表7.5.3	每种规格抽查10%，且不应少于5个

续表

项目	项次	项目内容	规范条文	验收要求	检验方法	检查数量
钢网架制作	2	螺栓球加工精度	第4.6.3条	螺栓球螺纹尺寸应符合现行国家标准《普通螺纹基本尺寸》(GB 196)中粗牙螺纹的规定，螺纹公差必须符合现行国家标准《普通螺纹公差与配合》(GB 197)中6H级精度的规定	用标准螺纹规	每种规格抽查5%，且不应少于5只
			第4.6.4条	螺栓球直径、圆度、相邻两螺栓孔中心线夹角等尺寸及允许偏差应符合《钢结构工程质量验收规范》(GB 50205—2001)的规定	用卡尺和分度头仪检查	每一规格按数量抽查5%，且不应少于3个
	3	焊接球加工精度	第7.5.3条	焊接球加工的允许偏差应符合规范GB 50205中表7.5.3的规定	见表7.5.3	每种规格抽查10%，且不应少于5个
			第4.5.3条	焊接球直径、圆度、壁厚减薄量等尺寸及允许偏差应符合《钢结构工程质量验收规范》(GB 50205—2001)的规定	用卡尺和测厚仪检查	每一规格按数量抽查5%，且不应少于3个
			第4.5.4条	焊接球表面应无明显波纹及局部凹凸不平不大于1.5mm	用弧形套模、卡尺和观察检查	每一规格按数量抽查5%，且不应少于3个
	4	管件加工精度	第7.5.5条	钢网架（桁架）用钢管杆件加工的允许偏差符合规范GB 50205中表7.5.5的规定	见表7.5.5	每种规格抽查10%，且不应少于5根

3.5.2 质量验收文件

(1) 材料出厂合格证或复验报告。

(2) 无损检测报告。

(3) 技术复核记录。

(4) 隐蔽工程验收记录。

(5) 钢结构（零件及部件加工）分项工程检验批质量验收记录。

3.5.3　质量验收记录表

表 3-13　钢结构零、部件加工工程检批质量验收记录表（GB 50205—2001）

<table>
<tr><td colspan="3">单位（子单位）工程名称</td><td colspan="5"></td></tr>
<tr><td colspan="3">分部（子分部）工程名称</td><td colspan="2"></td><td colspan="2">验收部位</td><td></td></tr>
<tr><td colspan="2">施工单位</td><td colspan="3"></td><td colspan="2">项目经理</td><td></td></tr>
<tr><td colspan="2">分包单位</td><td colspan="3"></td><td colspan="2">分包项目经理</td><td></td></tr>
<tr><td colspan="3">施工执行标准名称及编号</td><td colspan="5"></td></tr>
<tr><td colspan="4">施工质量验收规范的规定</td><td colspan="3">施工单位检查评定记录</td><td>监理（建设）单位验收记录</td></tr>
<tr><td rowspan="6">主控项目</td><td>1</td><td>材料品种、规格</td><td>第 4.2.1 条</td><td colspan="3" rowspan="6"></td><td rowspan="6"></td></tr>
<tr><td>2</td><td>钢材复验</td><td>第 4.2.2 条</td></tr>
<tr><td>3</td><td>切面质量</td><td>第 7.2.1 条</td></tr>
<tr><td>4</td><td>矫正和成型</td><td>第 7.3.1 条
第 7.3.2 条</td></tr>
<tr><td>5</td><td>边缘加工</td><td>第 7.4.1 条</td></tr>
<tr><td>6</td><td>制孔</td><td>第 7.6.1 条</td></tr>
<tr><td rowspan="6">一般项目</td><td>1</td><td>材料规格尺寸</td><td>第 4.2.3 条
第 4.2.4 条</td><td colspan="3" rowspan="6"></td><td rowspan="6"></td></tr>
<tr><td>2</td><td>钢材表面质量</td><td>第 4.2.5 条</td></tr>
<tr><td>3</td><td>切割精度</td><td>第 7.2.2 条
第 7.2.3 条</td></tr>
<tr><td>4</td><td>矫正质量</td><td>第 7.3.3 条
第 7.3.4 条
第 7.3.5 条</td></tr>
<tr><td>5</td><td>边缘加工精度</td><td>第 7.4.2 条</td></tr>
<tr><td>2</td><td>制孔精度</td><td>第 7.6.3 条</td></tr>
<tr><td colspan="3" rowspan="2">施工单位检查评定结果</td><td>专业工长（施工员）</td><td colspan="2"></td><td>施工班组长</td><td></td></tr>
<tr><td colspan="5">项目专业质量检查员：　　　　年　月　日</td></tr>
<tr><td colspan="3">监理（建设）单位验收结论</td><td colspan="5">专业监理工程师：
（建设单位项目专业技术负责人）：　　　　年　月　日</td></tr>
</table>

表 3-13 填写说明

1. 主控项目

（1）钢材、铸钢件的品种、规格、性能，符合产品标准和设计要求。

（2）抽样复试的结果符合产品标准和设计要求。

抽样的有：①外国进口钢材；②钢材混批；③板厚≥40mm 有 Z 向性能要求；④结构安全等级为一级，大跨度钢结构主要受力构件的钢材；⑤设计有复验要求的钢材；⑥对质量有怀疑的钢材。

（3）钢材切割或剪切面应无裂纹、夹渣、分层和大于 1mm 的缺棱。

（4）碳素结构钢在环境温度低于 -16℃、低合金结构钢在环境温度低于 -12℃，不应进行冷矫正和冷弯曲。

碳素结构钢和低合金结构钢在加热矫正时，加热温度不应超过 900℃。低合金结构钢在加热矫正后应自然冷却。

当零件采用热加工成型时，加热温度应控制在 900 ~ 1000℃；碳素结构钢和低合金结构钢在温度分别下降到 700℃和 800℃之前，应结束加工；低合金结构钢应自然冷却。

（5）气割或机械剪切的零件，需要进行边缘加工时，其刨削量不小于 2.0mm。

（6）A、B 级螺栓孔（1 类孔）应具有 H12 的精度，孔壁表面粗糙度 R_a 不应大于 12.5μm，其孔径的允许偏差应符合相关的规定。C 级螺栓孔（Ⅱ类孔），孔壁表面粗糙度 R_a 不应大于 25μm，其允许偏差应符合规范 GB 50205 中表 7.6.1 -2 的规定。

2. 一般项目

（1）钢板厚度和型钢规格尺寸允许偏差符合产品标准规定。

（2）钢材表面质量，符合有关产品规定，同时应符合：

①锈蚀、麻点或划痕等的深度不大于厚度负允许偏差的 1/2。

②锈蚀符合（涂装前钢材表面锈蚀等级和除锈等级）(GB 8923) C 级及 C 级以上。

③钢材端边或断口处不应有分层、夹渣等缺陷。

（3）气割的允许偏差：零件宽度、长度：±3.0mm；切割面平面度：0.05，且不应大于 2.0mm；割纹深度：0.3mm;；局部缺口深度 1.0mm。机械剪切的允许偏差：零件宽度、长度 ±3.0mm；边缘块棱 1.0mm；型钢端部垂直度 2.0mm。

（4）矫正后的钢材表面，不应有明显的凹面或损伤，划痕深度不得大于 0.5mm，且不应大于该钢材厚度负允许偏差的 1/2。

冷矫正和冷弯曲的最小曲率半径和最大弯曲矢高应符合相关规定。按矫正冷弯曲 10% 检查，且不少于 3 个。

钢材矫正后的允许偏差，应符合相关的规定。按矫正件数抽查 10%，且不少于 3 个。

（5）边缘加工允许偏差：零件宽度、长度 ±1.0mm；加工边直线度：$l/3000$，且不应大于 2.0mm；相邻两边夹角 ±6°；加工面垂直度：0.025mm，且不应大于 0.5mm；表面粗糙度：50mm。

（6）螺栓孔孔距的允许偏差应符合规范 GB 50205 中表 7.6.2 的规定。螺栓孔孔距超过规范 GB 50205 中表 7.6.2 规定时，应采用与母材材质相匹配的焊条补焊后重新制孔。

（7）钢结构（零件及部件加工）分项工程检验批质量验收应按表 3-14 进行记录。

表 3-14　钢结构（零件及部件加工）分项工程检验质量验收记录

工程名称				检验批部位	
施工单位				项目经理	
监理单位				总监理工程师	
施工依据标准				分包单位负责人	
主控项目		合格质量标准（按本规范）	施工单位检验评定记录或结果	监理（建设）单位验收记录或结果	备注
1	材料进场	第 4.2.1 条			
2	钢材复验	第 4.2.2 条			
3	切面质量	第 7.2.1 条			
4	矫正和成型	第 7.3.1 条和第 7.3.2 条			
5	边缘加工	第 7.4.1 条			
6	螺栓球、焊接球加工	第 7.5.1 条和第 7.5.2 条			
7	制孔	第 7.6.1 条			

续表

	一般项目	合格质量标准（按本规范）	施工单位检验评定记录或结果	监理（建设）单位验收记录或结果	备注
1	材料规格尺寸	第4.2.3条和第4.2.4条			
2	钢材表面质量	第4.2.5条			
3	切割精度	第7.2.2条或第7.2.3条			
4	矫正质量	第7.3.3条、第7.3.4条和第7.3.5条			
5	边缘加工精度	第7.4.2条			
6	螺栓球、焊接球加工精度	第7.5.3条和第7.5.4条			
7	管件加工精度	第7.5.5条			
8	制孔精度	第7.6.2条和第7.6.3条			
施工单位检验评定结果		班 组 长： 或专业工长： 年 月 日		质 检 员： 或项目技术负责人： 年 月 日	
监理（建设）单位验收结论		监理工程师（建设单位项目技术人员）： 年 月 日			

表3-14 填写说明

1. 主控项目

（1）焊接球、螺栓球封板、锥头套筒及其制造所用材料的品种、规格、性能符合产品标准和设计要求。

（2）螺栓球成型后，不应有裂纹、褶皱、过烧。

（3）钢板压成半圆球后，不应有裂纹、褶皱；焊接球其对接坡口应用机械加工，对接焊缝表面应打磨平整。焊接缝应进行无损检验，其质量符合设计要求，当设计无要求时，应符合二级焊缝标准。

（4）封板、锥头、套筒外观不得有裂纹、过烧及氧化皮。

（5）A、B级螺栓孔（Ⅰ类孔）应具有H12的精度，孔壁表面粗糙R_a不应大于12.5μm，其允许偏差应符合相关规定。

2. 一般项目

（1）钢板厚度和型钢规格尺寸允许偏差符合产品标准规定。

（2）钢材表面质量，符合有关产品规定，同时应符合：

①锈蚀、麻点或划痕等其深度不大于厚度允许偏差的1/2。

②锈蚀符合《涂装前钢材表面锈蚀等级和除锈等级》(GB/T 8923.1）c级及c级以上。

③钢材端边或断口处不应有分层、夹渣等缺陷。

（3）螺栓球加工的允许偏差符合规范的规定。螺栓球螺纹尺寸符合《普通螺纹基本尺寸》（GB 196）中粗牙螺纹的规定。螺纹公差符合《普通螺纹公差与配合》（GB 197）中H6级精度的规定。

卡尺、游标卡尺、分度头、百分表、百分V型块及标准螺纹规检查。

（4）焊接球表面无明显波纹及局部凹凸不平不大于1.5mm。焊接球的直径、圆度、壁厚减数量及允许偏差符合规范GB 50205中4.5.3条的规定。

（5）钢网架（桁架）用钢管杆件加工的允许偏差。长度为±1.0mm；端面对管轴的垂直度0.005mm，管口曲线为1.0mm。

4 钢结构组装工程施工质量控制

4.1 质量控制要件

钢结构组装工程质量控制要件包括主控项目和一般性项目，下面分别描述。

1. 主控项目

钢构件组装工程质量验收标准主控项目，见表4-1。

表4-1 主控项目内容及验收要求（GB 50205—2001）

项目	项次	项目内容	规范条文	验收要求	检验方法	检查数量
组装	1	吊车梁（桁架）	第8.3.1条	吊车梁和吊车桁架不应下挠	构件直立，在两端支承后，用水准仪和钢尺检查	全数检查
端部铣平及安装焊缝坡口	1	端部铣平精度	第8.4.1条	端部铣平的允许偏差应符合GB 50205中表8.4.1的规定	用钢尺、角尺、塞尺等检查	按铣平面数量抽查10%，且不应少于3个
钢构件外形尺寸	1	外形尺寸	第8.5.1条	钢构件外形尺寸主控项目的允许偏差应符合GB 50205中表8.5.1的规定	用钢尺检查	全数检查

2. 一般项目

钢构件组装工程质量验收标准一般项目，见表4-2。

表4-2 一般项目内容及验收要求（GB 50205—2001）

项目	项次	项目内容	规范条文	验收要求	检验方法	检查数量
焊接H型钢	1	焊接H型钢接缝	第8.2.1条	焊接H型钢的翼缘板拼接缝和腹板拼接缝的间距不应小于200mm。翼缘板拼接长度不应小于2倍板宽；腹板拼接宽度不应小于300mm，长度不应小于600mm	观察和用钢尺检查	全数检查

续表

项目	项次	项目内容	规范条文	验收要求	检验方法	检查数量
焊接H型钢	2	焊接H型钢精度	第8.2.2条	焊接H型钢的允许偏差应符合本标准中附录C中表C.0.1的规定	用钢尺、角尺、塞尺等检查	按钢构件数抽查10%，宜不应小于3件
组装	1	焊接组装精度	第8.3.2条	焊接连接组装的允许偏差应符合标准中附录C中表C.0.2的规定	用钢尺检验	按构件数抽查10%，且不应少于3个
	2	顶紧接触面	第8.3.3条	顶紧接触面应有75%以上的面积紧贴	用0.3mm塞尺检查，其塞入面积应小于25%，边缘间隙不应大于0.8mm	按接触面的数量抽查10%，且不应少于10个
	3	轴线交点错位	第8.3.4条	桁架结构杆件轴线交点错位的允许偏差不得大于3.0mm，允许偏差不得大于4.0mm	尺量检查	按构件数抽查10%，且不应少于3个，每个轴查构件按节点数抽查10%，且不应少于3个节点
端部铣平及安装焊缝坡口	1	焊缝坡口精度	第8.4.2条	安装焊缝坡口的允许偏差应符合标准中表8.4.2的规定	用焊缝量规检查	按坡口数量抽查10%，且不应少于3条
	2	铣平面保护	第8.4.3条	外露铣平面应防锈保护	观察检查	全数检查
钢构件外形尺寸	1	外形尺寸	第8.5.2条	钢构件外形尺寸一般项目的允许偏差应符合标准中附录C中表C.0.3～表C.0.9的规定	见GB 50205附录C中表C.0.3～表C.0.9、表6-6～表6-12	按构件数量抽查10%，且不应少于3件

4.2 质量验收文件

质量验收文件包括如下内容：

（1）产品质量合格证明文件。

（2）钢结构工程竣工图及相关设计文件。

（3）原材料质量合格证明文件及复验、检测报告。

（4）隐蔽工程检验项目验收记录。

(5) 有关安全功能的检验和见证检测项目检查记录。

(6) 有关观感质量检验项目检查记录。

(7) 不合格项的处理记录及验收记录。

(8) 钢结构（构件组装）分项工程检验批质量验收记录。

(9) 其他有关文件和记录。

4.3 质量验收记录表

表 4-3 钢构件组装工程检验批质量验收记录表（GB 50205—2001）

<table>
<tr><td colspan="3">单位（子单位）工程名称</td><td colspan="3"></td></tr>
<tr><td colspan="3">分部（子分部）工程名称</td><td colspan="2"></td><td>验收部位</td><td></td></tr>
<tr><td colspan="2">施工单位</td><td colspan="3"></td><td>项目经理</td><td></td></tr>
<tr><td colspan="2">分包单位</td><td colspan="3"></td><td>分包项目经理</td><td></td></tr>
<tr><td colspan="3">施工执行标准名称及编号</td><td colspan="4"></td></tr>
<tr><td colspan="4">施工质量验收规范的规定</td><td colspan="2">施工单位检查评定记录</td><td>监理（建设）单位验收记录</td></tr>
<tr><td rowspan="3">主控项目</td><td>1</td><td>吊车梁（桁架）</td><td>第 8.3.1 条</td><td colspan="2" rowspan="3"></td><td rowspan="3"></td></tr>
<tr><td>2</td><td>端部铣平精度</td><td>第 8.4.1 条</td></tr>
<tr><td>3</td><td>外形尺寸</td><td>第 8.5.1 条</td></tr>
<tr><td rowspan="8">一般项目</td><td>1</td><td>焊接 H 型钢接缝</td><td>第 8.2.1 条</td><td colspan="2" rowspan="8"></td><td rowspan="8"></td></tr>
<tr><td>2</td><td>焊接 H 型钢精度</td><td>第 8.2.2 条</td></tr>
<tr><td>3</td><td>焊接组装精度</td><td>第 8.3.2 条</td></tr>
<tr><td>4</td><td>顶紧接触面</td><td>第 8.3.3 条</td></tr>
<tr><td>5</td><td>轴线交点错位</td><td>第 8.3.4 条</td></tr>
<tr><td>6</td><td>焊缝坡口精度</td><td>第 8.4.2 条</td></tr>
<tr><td>7</td><td>铣平面保护</td><td>第 8.4.3 条</td></tr>
<tr><td>8</td><td>外形尺寸</td><td>第 8.5.2 条</td></tr>
<tr><td colspan="3" rowspan="2">施工单位检查评定结果</td><td>专业工长（施工员）</td><td></td><td>施工班组长</td><td></td></tr>
<tr><td colspan="4">项目专业质量检查员：　　年　月　日</td></tr>
<tr><td colspan="3">监理（建设）单位验收结论</td><td colspan="4">专业监理工程师：
（建设单位项目专业技术负责人）：　　年　月　日</td></tr>
</table>

表 4-3 填写说明

1. 主控项目

（1）吊车梁和吊车桁架不应下挠。

（2）端部铣平的允许偏差，两端铣平时构件长度允许偏差 ±2.0mm；
两端铣平时零件长度允许偏差符合规范规定；
铣平面的平面度 0.3mm；
铣平面与轴线垂直度 $L/1500$。

（3）钢构件外形尺寸的允许偏差符合规范规定。

2. 一般项目

（1）焊接 H 型钢的翼缘板拼接缝和腹板拼接缝的间距不应小于 200mm。翼缘板拼接长度不应小于 2 倍板宽；腹板拼接宽度不应小于 300mm，长度不应小于 600mm。观察和尺量检查。

（2）焊接 H 型钢的允许偏差应符合规范规定。

（3）焊接连接组装的允许偏差应符合规范规定。

（4）顶紧接触面应有 75% 以上的面积紧贴。按接触面的数量抽查 10%，且不应少于 10 个，用 0.3mm 塞尺检查，其塞入面积应小于 25%，边缘间隙不应大于 0.8mm。

（5）桁架结构杆件轴线交点错位的允许偏差不得大于 3.0mm，允许偏差不得大于 4.0mm。

（6）安装焊缝坡口的允许偏差，坡口角度 ±50°。钝边 ±1.0mm。

（7）外露铣平面应防锈保护。

（8）外形尺寸。钢构件外形尺寸一般项目的允许偏差应符合规范规定。按规范检查方法检查。

5　钢构件预拼装工程施工质量控制

5.1　质量验收标准

表 5-1　主控、一般项目内容及验收要求（GB 50205—2001）

项目	项次	项目内容	规范条文	验收要求	检验方法	检查数量
主控项目	1	多层板叠螺栓孔	第 9.2.1 条	高强度螺栓和普通螺栓连接的多层板叠，应采用试孔器进行检查，并应符合下列规定： （1）当采用比孔公称直径小 1.0mm 的试孔器检查时，每组孔的通过率不应小于 85%； （2）当采用比螺栓公称直径大 0.3mm 的试控器检查时，通过率应为 100%	采用试孔器检查	按预拼装单元全数检查
一般项目	1	预拼装精度	第 9.2.2 条	预拼装的允许偏差应符合规范附录 D 表 D 的规定	见规范附录 D 表 D	按预拼装单元全数检查

5.2　质量验收文件

质量验收文件包括：

（1）构件尺寸检查记录。

（2）技术复核记录。

（3）隐蔽工程验收记录。

（4）钢构件（预拼装）分项工程检验批质量验收记录。

5.3 质量验收记录

表 5-2 钢构件预拼装工程检验批质量验收记录表

<table>
<tr><td colspan="3">单位（子单位）工程名称</td><td colspan="5"></td></tr>
<tr><td colspan="3">分部（子分部）工程名称</td><td colspan="2"></td><td colspan="2">验收部位</td><td></td></tr>
<tr><td colspan="2">施工单位</td><td colspan="3"></td><td colspan="2">项目经理</td><td></td></tr>
<tr><td colspan="2">施工单位</td><td colspan="2"></td><td colspan="3">分包项目经理</td><td></td></tr>
<tr><td colspan="3">施工执行标准名称及编号</td><td colspan="5"></td></tr>
<tr><td colspan="4">施工质量验收规范的规定</td><td colspan="3">施工单位检查评定记录</td><td>监理（建设）单位验收记录</td></tr>
<tr><td>主控项目</td><td>1</td><td>多层板叠螺栓孔</td><td>第 9.2.1 条</td><td colspan="3"></td><td></td></tr>
<tr><td>一般项目</td><td>2</td><td>预拼装精度</td><td>第 9.2.2 条</td><td colspan="3"></td><td></td></tr>
<tr><td colspan="3" rowspan="2">施工单位检查评定结果</td><td colspan="2">专业工长（施工员）</td><td></td><td>施工班组长</td><td></td></tr>
<tr><td colspan="5">项目专业质量检查员： 年 月 日</td></tr>
<tr><td colspan="3">监理（建设）单位验收结论</td><td colspan="5">专业监理工程师：
（建设单位项目专业技术负责人）： 年 月 日</td></tr>
</table>

表 5-2 填写说明

1. 主控项目

高强度螺栓和普通螺栓连接的多层板叠，应采用试孔器进行检查，符合下列规定：

（1）当采用比螺栓公称直径小 1.0mm 的试孔器检查时，每组孔的通过率不应小于 85%；

（2）当采用比螺栓公称直径大 0.3mm 的试孔器检查时，通过率应为 100%。

2. 一般项目

预拼装的允许偏差应符合规范规定。

6 钢结构安装质量控制

6.1 一般钢结构安装质量控制

6.1.1 质量控制要求

1. 吊装顺序和方法

（1）吊装顺序一般从跨端一侧向别一侧进行。多跨厂房先吊主跨，后吊辅助跨，先吊高跨，后吊低跨。当有多台起重机时，亦可采取多跨（区）齐头并进的方法安装。

（2）跨间吊装通常采用综合吊装法，即先吊装各列柱子及其柱间支撑，再吊吊车梁、制动梁（或桁架）及托梁（或托架），随吊随调整，然后再一个节间一个节间地依次吊装屋架、天窗架及节间水平和垂直支撑和屋面板等构件，随吊随调整固定，如此逐节间进行，直至全部厂房结构安装完成。墙架、梯子、走台、拉杆和其他零星构件，可以与屋架屋面板等构件，可以与屋架屋面板等构件的安装平行作业。

2. 吊装、校正与最后固定

（1）钢柱吊装设备通常采用履带式起重机、轮胎式起重机、塔式起重机或桅杆式起重机。

（2）钢柱的绑扎与吊装与钢筋混凝土柱基本相同。采用单机旋转式滑行法起吊和就位。对重型钢柱可采用双机递送抬吊或三机抬吊、一机递送的方法吊装；对于很高和细长的钢柱，可采取分节吊装的方法，在下节柱及柱间支撑安装并校正后，再安装上柱。

（3）钢柱柱脚固定方法一般有两种形式：一种是基础上预埋螺栓固定，底部设钢垫板找平；另一种是插入杯口灌浆固定方式。前者当钢柱吊至基础上部插锚固螺栓固定；后者灌浆，多用于一般厂房钢柱的固定；后者当钢柱插入杯口后，支承在钢垫板上找平，最后固定方法同钢筋混凝土柱，用于大、中型厂房钢柱的固定。

（4）钢柱起吊后，当柱脚距地脚螺栓或杯口约 30 ~ 40cm 时扶正，使柱脚的安装螺栓孔对准螺栓或柱脚对准杯口，缓慢落钩、就位，经过初校，待垂直偏差在 20mm 以内，拧紧螺栓或打紧木楔临时固定，即可脱钩。

（5）钢柱的垂直度用经纬仪或吊线锤检验，当有偏差时，采用液压千斤顶进行校正，底部空隙用铁片垫塞，或在柱脚和基础之间打入钢楔子抬高，用增减垫板较正；位移校正可用千斤顶顶正；标高校正用千斤顶将底座少许抬高，然后增减垫板厚度使其达到设计要求。柱脚校正后立即紧固地脚螺栓，并将承重钢垫板上下点焊固定，防止移动，当吊车梁、托架、屋架等结构安装完毕，并经总体校正检查无误后，在结构节点固定之前，再在钢柱脚底板下浇筑细石混凝土固定。杯口式柱脚在校正后即二次灌浆固定，方法同钢筋混凝土柱杯口灌浆。

3. 屋架的吊装校正与固定

（1）钢屋架吊装机械可用履带式起重机、塔式起重机或桅杆式起重机等进行，另配 1 台 120 ~ 150kN 履带式或轮胎式起重机进行构件的装卸和倒运。

（2）钢屋架吊装方法亦用高空旋转法吊装，用牵引溜绳控制就位，屋架的绑扎点要保证屋架吊装的稳定性，否则应在吊装前进行临时加固。

（3）当吊装机械的起重高度、起重量和起重臂伸距允许时，可采取组合安装法，即在地面装配平台上将两榀屋架及其上的天窗架、檩条、支撑系统等按柱距拼装成整体，用横吊梁或多点吊索一次起吊安装，或两榀天窗架进行整体吊装，或一榀屋架与垂直支撑组合安装，以提高效率。

（4）钢屋架的临时固定方法是：第一榀屋架安装后，应用钢丝绳拉牢；第二榀屋架安装后需用上下弦支撑与第一榀屋架连接，以形成结构的刚性系统，以后安装屋架则用绑水平脚手杆与已安装屋架连系保持稳定，屋架临时固定如需用临时螺栓，则每个节点穿入数量不少于安装孔数的 1/3 且至少应穿入两个临时螺栓，冲钉穿入数量不宜多于临时螺栓的 30%。

（5）当钢屋架与钢柱的翼缘连接时，应保证屋架连接板与柱缘板接触紧密，否则应垫入垫板使其严密，如屋架的支承反力靠钢柱上的承托传递时，屋架端节点与承托板的接触要紧密，其接触面应不小于承压面积的 70%，缝隙应用钢板垫塞密实。

（6）钢屋架的校正，垂直度可用挂线锤球检验；屋架的弯曲度检验可用拉紧测绳进行检验。

（7）钢屋架的最后固定用电焊（或高强螺栓）焊（栓）固。

4. 檩条、墙架的吊装校正与固定

（1）檩条与墙架等构件，其单位截面较小，质量较轻，为发挥起重机效率，多采用一钩多吊或成片吊装方法吊装。对于不能进行平行拼装的拉杆和墙架、横梁等，可根据其架设位置，用长度不等的绳索进行一钩多吊，为防止变形，可用木杆加固。

（2）檩条、拉杆、墙架的校正，主要是尺寸和自身平直度。间距检查可用拉杆顺着檩条或墙架杆件之间来回移动检验，如有误差，可放松或扭紧檩条墙架杆件之间的螺栓进行校正。平直度用拉线和长靠尺或钢尺检查，校正后，用电焊或螺栓最后固定。

5. 钢结构构件组合系吊系

（1）钢结构高层建筑体系有框架体系、框架剪力墙体系、框筒体系、组合筒体系、交错钢桁架体系等多种，应用较多的是前两种，主要由框架柱、主梁、次梁及剪力板（支撑）等组成。钢结构用于高层建筑具有强度高、结构轻、层高大、抗震性能好、布置灵活、节约空间、建造周期短、施工速度快等优点，但用钢量较大，防火要求高，工程造价较高。

（2）吊装多采用综合吊装法，其吊装顺序一般是：平面内从中间的一个节间开始，以一个节间的柱网为一个吊装单元，先吊装柱，后吊装梁，然后往四周扩展垂直方向由下向上，组成稳定结构后，分层安装次要构件，一节间一节间钢框架，一层楼一层楼安装完成，这样有利于消除安装误差积累和焊接变形，使误差减少到最低限度。

6. 分节钢柱的安装校正与固定

（1）吊装前，先做好柱基的准备，进行找平，划出纵横轴线，设置基础标高块，标高块的强度应不低于 $30N/mm^2$；顶面埋设 12mm 厚钢板，并检查预埋地脚螺栓位置和标高。

（2）钢柱多用宽翼工字形或箱形截面，前者用于高 6m 以下柱子，多采用焊接 H 型钢，截面尺寸为 300mm × 200mm ~ 1200mm × 600mm，翼缘板厚为 10 ~ 14mm，腹板厚度为 6 ~ 25mm；后者多用于高度较大的高层建筑柱，截面尺寸为 500mm × 500mm ~ 700mm × 700mm，钢板厚 12 ~ 30mm。为充分利用吊车能力和减少连接，一般制成 3 ~ 4 层一节，节与节之间用坡口焊连接，一个节间的柱网必须安装三层的高度后再安装相邻节间的柱。

（3）钢柱的吊装，根据柱子质量、高度情况采用单机吊装或双机抬吊。

单机吊装时，需在柱根部垫以垫木，用旋转法起吊，防止柱根拖地和碰撞地脚螺栓，损坏丝扣；双机抬吊多采用递送法，吊离地面后，在空中进行回直，柱子吊点在吊耳处（制作时预先设置，吊装完割去），钢柱吊装前预先在地面挂上操作挂筐、爬梯等。

（4）钢柱就位后，立即对垂直度、轴线、牛腿面标高进行初校，安设临时螺栓，然后卸去。

（5）在第一节框架安装、校正螺栓紧固后，即应进行底层钢柱柱底灌浆，先在柱脚四周立模板，将基础上表面清干净，并清除积水，然后用高强度等级的聚合砂浆从一侧自由灌入至密实，灌浆后，用湿草袋或麻袋护盖养护。

7. 钢梁和剪力板的吊装校正与固定

（1）吊装前对梁的型号长度、截面尺寸和牛腿位置、标高进行检查。装上安全栏杆和扶手（扶手就位后拴在两端柱上）；在钢梁上翼缘处适当位置开孔作为吊点。

（2）吊装用塔式起重机进行，主梁一次吊一根，两点绑扎起吊。次梁和小梁可采用多头吊索一次吊装数根，以充分发挥吊车起重能力。

（3）当一节钢框架吊装完毕，即需对已吊装的柱、梁进行误差检查和校正。对于控制柱网的基准柱用线锤或激光仪观测，其他柱根据基准柱用钢卷尺量测。

（4）梁校正完毕；用高强螺栓临时固定，再进行柱校正，紧固连接高强螺栓，焊接柱节点和梁节点，进行超声波检验。

（5）墙剪力板的吊装在梁柱校正固定后进行，板整体组装校正检验尺寸后从侧向吊入，就位找正后用螺栓固定。

8. 构件之间的连接固定

（1）钢柱之间常用坡口电焊连接，主梁与钢柱的连接，一般上、下翼缘用坡口电焊连接，而腹板用高强螺栓连接。次梁与主梁的连接基本上是在腹板处用高强螺栓连接，少量再在上下翼缘处用坡口电焊连接。

（2）焊接顺序：在上节柱和梁经校正和固定后，进行钢柱焊接。柱与梁的焊接顺序，先焊接顶部柱梁节点，再焊接底部柱梁节点，最后焊接中间部分的柱梁节点

（3）坡口电焊连接应先做好准备（包括焊条烘焙，坡口检查，设电弧引入、引出板和钢垫板并点焊固定，清除焊接坡口、周边的防锈漆和杂物，焊接口预热）。柱与柱的对接焊接，采用二人同时对称焊接，柱与梁的焊接亦

应在柱的两侧对称同时焊接，以减少焊接变形和残余应力。

（4）对于厚板的坡口焊，打底层多用直径4mm焊条焊接，中间层可用直径5mm或6mm焊条，盖面层多用直径5mm焊条。三层应连续施焊，每一层焊完后及时清理。盖面层焊缝搭坡口两边各2mm，焊缝余高不超过对接焊件中较薄钢板厚的1/10，但也不应大于3.2mm。焊后，当气温低于0℃以下，用石棉布保温使焊缝缓慢冷却。焊缝质量检验均按二级检验。

（5）两个连接构件的紧固顺序是：先主要构件，后次要构件。工字形构件的紧固顺序是：上翼缘→下翼缘→腹板。同一节柱上各梁柱节点的紧固顺序是：柱子上部的梁柱节点→柱子下部的梁柱节点→柱子中部的梁柱节点。每一节点安设紧固高强螺栓顺序是：摩擦面处理→检查安装连接板（对孔、扩孔）→临时螺栓安装→高强螺栓安装→高强螺栓紧固→初拧→终拧。

（6）为保证质量，对紧固高强度螺栓的电动扳手要定期检查，对终拧用电动扳手紧固的高强度螺栓，以螺栓尾部是否拧掉作为验收标准。对用测力扳手紧固的高强度螺栓，仍用测力扳手检查其是否紧固到规定的终拧扭矩值。抽查率为每节点处高强螺栓量的10%，但不少于1枚，如有问题应及时返工处理。

6.1.2 质量控制要点

一般钢结构质量控制关键点见表6-1。

表6-1 钢结构质量控制要点

项次	项目	质量控制要点
1	基础验收	（1）施工现场应使用准确的计量设施，并经准确计量。砂、石、水泥与水的配合比合理，混凝土搅拌均匀； （2）浇筑基础底层时，混凝土自由倾落高度不得超过2m，超过时应使用串筒或溜槽等设施来降低其倾落高度，以减缓混凝土过急冲击坠落，导致松散离析； （3）浇筑混凝土前要认真检查模板支设的牢固性，并将模板的孔洞堵好，防止在浇筑和振捣等外力作用下，模板发生位移而脱离混凝土造成漏浆； （4）浇筑混凝土前，模板应充分均匀润湿，避免混凝土浆被模板吸收，导致贴合性差，与模板离析，发生松散的缺陷； （5）混凝土浇筑应与振捣工作良好配合，振捣工作应分层进行，保证上下层混凝土捣固均匀，结合良好； （6）混凝土振捣的效果判定： 1）混凝土不再出现气泡； 2）混凝土上表面较均匀，不再出现显著的下降和凹坑现象； 3）混凝土表面出浆处于水平状态； 4）模板内侧棱角被混凝土充分填充饱满； 5）混凝土表面的颜色均匀一致。

续表

<table>
<tr><th>项次</th><th>项目</th><th>质量控制要点</th></tr>
<tr><td>1</td><td>基础验收</td><td>（7）浇筑好的混凝土要用润湿的稻草帘覆盖，并定时泼水保持湿润，以达到强度养生条件；
（8）拆模时间不宜过早，否则混凝土强度不足，在拆模时被损坏，发生蜂窝及孔洞等缺陷</td></tr>
<tr><td>2</td><td>基础灌浆</td><td>（1）为达到基础二次灌浆的强度，在用垫铁调整或处理标高、垂直度时，应保持基础支承面与钢柱底座板下表面之间的距离不小于40mm，以利于灌浆，并全部填满空隙。
（2）灌浆所用的水泥砂浆应采用高强度等级水泥或比原基础混凝土强度等级高一级。
（3）冬季施工时，基础二次灌浆配制的砂浆应掺入防冻剂、早强剂，以防止冻害或强度上升过缓而产生缺陷。
（4）为了防止腐蚀，对下列结构工程及所在的工作环境，二次灌浆使用的砂浆材料中，不得擅用氯盐。
1）在高温度空气环境中的结构，如排出大量蒸汽的车间和经常处在空气相对湿度大于80%的环境；
2）处于水位升降的部位的结构及其结构基础；
3）露天结构或经常受水湿、雨淋的结构基础；
4）有镀锌钢材或有色金属结构的基础；
5）外露钢材及其预埋件而无防护措施的结构基础；
6）与含有酸、碱或硫酸盐等侵蚀性介质相接触的结构及有关基础；
7）使用的工程经常处于环境温度为60℃及其以上的结构基础；
8）薄壁结构、中级或重级工作制的吊车梁、屋架、落锤或锻锤的结构基础；
9）电解车间直接靠近电源的构件基础；
10）直接靠近高压电源（发电站、变电所）等场合一类结构的基础；
11）预应力混凝土的结构基础。
（5）为保证基础二次灌浆达到强度要求，避免发生一系列的质量通病，应按以下工艺进行：
1）基础支承部位的混凝土面层上的杂物需认真清理干净，并在罐浆前用清水湿润后再进行罐浆；
2）灌浆前对基础上表面的四周应支设临时模板；基础灌浆时应连续进行，防止砂浆凝团，不能紧密结合；
3）对于灌浆空隙太小，底座板面积较大的基础灌浆时，为克服无法施工或灌浆中的空气、浆液过多，影响砂浆的灌入或分布不均等缺陷。宜参考如下方法进行：
①灌浆空隙较小的基础，可在柱底脚板上面各开一个适宜的大孔和小孔，大孔作灌浆用，小孔作为排除空气和浆液用，在灌浆的同时可用加压法将砂浆填满空隙，并认真捣固，以达到强度。
②对于长度或宽度在1m以上的大型柱底座板灌浆时，应在底座板上开一孔，用漏斗插于孔内，并采用压力将砂灌入，再用1～2个细钢管，其管壁钻若干小孔，按纵横方向平行插入基础砂浆内解决浆液和空气的排出。待浆液、空气排出后，抽除钢管并再加灌一些砂浆来填满钢管遗留的空隙。在养生强度达到后，将座板开孔处用钢板覆盖并焊接封堵；
③基础灌浆工作完成后，应将支承面四周边缘用工具抹成45°散水坡，并认真湿润养护；
④如果在北方冬季或较低温环境下施工时，应采取防冻或加温等保护措施。
（6）如果钢柱的制作质量完全符合设计要求时，采用坐浆法将基础支承面一次达到设计安装标高的尺寸；经养生强度达到75%及其以上即可就位安装，可省略二次灌浆的系列工序过程，并节约垫铁等材料和消除灌浆存在的质量通病。</td></tr>
</table>

续表

项次	项目	质量控制要点
2	基础灌浆	（7）坐浆或灌浆后的强度试验： 1）用坐浆或灌浆法处理后的安装基础的强度必须符合设计要求；基础的强度必须达到7d的养生强度标准，其强度应达到75%及其以上时，方可安装钢结构； 2）如果设计要求需作强度试验时，应在同批施工的基础中采用的同种材料、同一配合比，同一天施工及相同施工方法和条件下，制作两组砂浆试块。其中：一组与坐浆或灌浆同条件进行养护，在钢结构吊装前作强度试验；另一组试块进行28d标准养护，作龄期强度备查； 3）如同一批坐浆或灌浆的基础数量较多时，为了达到其准确的平均强度值，可适当增加砂浆试块组数
3	垫铁垫放	（1）为了使垫铁组平稳地传力给基础，应使垫铁面与基础面紧密贴合。因此，在垫放垫铁前，对不平的基础上表面，需用工具凿平。 （2）垫放垫铁的位置及分布应正确，具体垫法应根据钢柱底座板受力面积大小，应垫在钢柱中心及两侧受力集中部位或靠近地脚螺栓的两侧。垫铁垫放的主要要求是在不影响灌浆的前提下，相邻两垫铁组之间的距离应愈近愈好，这样能使底座板、垫铁和基础，起到全面承受压力荷载的作用，共同均匀的受力；避免局部偏压集中受力或底板在地脚螺栓紧固受力时发生变形。 （3）直接承受荷载的垫铁面积，应符合受力需要，否则面积太小，易使基础局部集中过载，影响基础全面均匀受力。因此，钢柱安装用垫铁调整标高或水平度时，首先应确定垫铁的面积。一般钢柱安装用垫铁均为非标准，不如安装动力设备垫铁的要求那么严格，故钢柱安装用垫铁在设计施工图上一般不作规定和说明，施工时可自行选用确定。选用确定垫铁的几何尺寸及受力面积，可根据安装构件的底座面积大小、标高、水平度和承受载荷等实际情况确定。 （4）垫铁厚度应根据基础上表面标高来确定。一般基础上表面的标高多数低于安装基准标高60mm。安装时依据这个标高尺寸用垫铁来调整确定极限标高和水平度。因此，安装时应根据实际标高尺寸确定垫铁组的高度，再选择每组垫铁厚、薄的配合；规范规定，每组垫铁的块数不应超过三块。 （5）垫放垫铁时，应将厚垫铁垫在下面，薄垫铁放在最上面，最薄的垫铁宜垫放在中间；但尽量少用或不用薄垫铁，否则影响受力时的稳定性和焊接（点焊）质量；安装钢柱调整水平度，在确定平垫铁的厚度时，还应同时锻造加工一些斜垫铁，其斜度一般为垫放时应防止产生偏心悬空，斜垫铁应成对使用。 （6）垫铁在垫放前，应将其表面的铁锈、油污和加工的毛刺清理干净，以备灌浆时能与混凝土牢固地结合；垫后的垫铁组露出底座板边缘外侧的长度约10~20mm，并在层间两侧用电焊点焊牢固。 （7）垫铁垫的高度应合理，过高会影响受力的稳定；过低则影响灌浆的填充饱满，甚至使灌浆无法进行。灌浆前，应认真检查垫铁组与底座板接触的牢固性，常用0.25kg重的小锤轻击，用听声的办法来判断，接触牢固的声音是实音；接触不牢固的声音是碎哑音
4	钢柱标高	（1）基础施工时，应按设计施工图规定的标高尺寸进行施工，以保证基础标高的准确性。 （2）安装单位对基础上表面标高尺寸，应结合各成品钢柱的实有长度或牛腿承面的标高尺寸进行处理，使安装后备钢柱的标高尺寸达到一致。这样可避免只顾基础上表面的标高，忽略了钢柱本身的偏差，导致各钢柱安装后的总标高或相对标高不统一。因此，在确定基础标高时，应按以下方法处理： 1）首先确定各钢柱与所在各基础的位置，进行对应配套编号； 2）根据各钢柱的实有长度尺寸（或牛腿承点位置）确定对应的基础标高尺寸；

续表

项次	项目	质量控制要点
4	钢柱标高	3）当基础标高的尺寸与钢柱实际总长度或牛腿承点的尺寸不符时，应采用降低或增高的基础上平面的标高尺寸的办法来调整确定安装标高的准确尺寸。 （3）钢柱基础标高的调整应根据安装构件及基础标高等条件来进行，常用的处理方法有如下几种： 1）成品钢柱的总长、垂直度、水平度，完全符合设计规定的质量要求时，可将基础的支承面一次浇筑到设计标高，安装时不作任何调整处理即可直接就位安装； 2）基础混凝土浇筑到较设计标高低40～60mm的位置，然后用细石混凝土找平至设计安装标高。找平层应保证细石面层与基础混凝土严密结合，不许有夹层；如原混凝土面光滑，应用钢凿凿成麻面，并经清理，再进行浇筑，使新旧混凝土紧密结合，从而达到基础的强度； 3）按设计标高安置好柱脚底座钢板，并在钢板下面浇筑水泥砂浆； 4）先将基础浇筑到较设计标高低40～60mm，在钢柱安装到钢板上后，再进行浇筑细石混凝土； 5）预先按设计标高埋置好柱脚支座配件（型钢梁、预制钢筋混凝土梁、钢轨等），在钢柱安装后，再进行浇筑水泥砂浆。 （4）钢结构在安装前应根据设计施工图及验评标准，对基础施工（或处理）的表面质量进行全面检查。基础的支承面、支座、地脚螺栓（或预埋地脚螺栓孔）位置和标高等，应符合现行规范的规定
5	地脚螺栓（锚栓）定位	（1）基础施工确定地脚螺栓或预留孔的位置时，应认真按施工图规定的轴线位置尺寸，放出基准线，同时在纵、横轴线（基准线）的两对应端，分别选择适宜位置，埋置铁板或型钢，标定出永久坐标点，以备在安装过程中随时测量参照使用。 （2）浇筑混凝土前，应按规定的基准位置支设、固定基础模板及其表面配件。 （3）浇筑混凝土时，应经常观察及测量模板的固定支架、预埋件和预留孔的情况，当发现有变形、位移时，应立即停止浇筑，进行调整、排除。 （4）为防止基础及地脚螺栓等的系列尺寸、位置出现位移或偏差过大，基础施工单位与安装单位应在基础施工放线定位时密切配合，共同把关控制各自的正确尺寸。地脚螺栓（锚栓）位置的允许偏差详见GB 50205中表10.2.2
6		（1）经检查测量，如埋设的地脚螺栓有个别的垂直度偏差很小时，应在混凝土养生强度达到75%及以上时进行调整。调整时可用氧乙炔焰将不直的螺栓在螺杆处加热后采用木质材料垫护，用锤敲移、扶直到正确的垂直位置。 （2）对位移或不直度超差过大的地脚螺栓，可在其周围用钢凿将混凝土凿到适宜深度后，用气割割断，按规定的长度、直径尺寸及相同材质材料，加工后采用搭接焊上一段，并采取补强的措施，来调整达到规定的位置和垂直度。 （3）对位移偏差过大的地脚螺栓除采用搭接焊法处理外，在允许的条件下，还可采用扩大底座板孔径侧壁来调整位移的偏差量，调整后并用自制的厚板垫圈覆盖，进行焊接补强固定。 （4）预留地脚螺栓孔在灌浆埋设前，当螺栓在预留孔内位置偏移超差过大时，可用扩大预留孔壁的措施来调整地脚螺栓的准确位置
7		（1）不论粗制螺栓或精制螺栓，其螺栓孔在制作时尺寸、位置必须准确，对螺栓孔及安装面应作好修整，以便于安装，构件孔径的允许偏差和检验方法见附表1。

续表

<table>
<tr><th>项次</th><th>项目</th><th>质量控制要点</th></tr>
<tr><td>7</td><td>地脚螺栓（锚栓）定位</td><td>
附表1　C级螺栓孔的允许偏差和检验方法
<table>
<tr><th>项次</th><th>项目</th><th>允许偏差（mm）</th><th>检验方法</th></tr>
<tr><td>1</td><td>直径</td><td>+1.0
0</td><td rowspan="3">用量规检查</td></tr>
<tr><td>2</td><td>圆度</td><td>2.0</td></tr>
<tr><td>3</td><td>垂直度</td><td>0
0.03t 且不大于2.0</td></tr>
</table>
注：表中 t 为构件壁厚。
（2）钢结构构件每端至少应有两个安装孔。为了减少钢构件本身挠度导致孔位偏移，一般采用钢冲子预先使连接件上下孔重合。螺栓施工工艺：第一个螺栓第一次必须拧紧，当第二个螺栓拧紧后，再检查第一个螺栓并继续拧紧，保持螺栓紧固程度一致。紧固力矩大小应该按设计要求，不可擅自决定
</td></tr>
<tr><td>8</td><td>地脚螺栓埋设</td><td>
（1）地脚螺栓的直径、长度，均应按设计规定的尺寸制作；一般地脚螺栓应与钢结构配套出厂，其材质、尺寸、规格、形状和螺纹的加工质量，均应符合设计施工图的规定。如钢结构出厂不带地脚螺栓时，则需自行加工；地脚螺栓尺寸应符合下列要求：
1）地脚螺栓的直径尺寸与钢柱底座板的孔径应相适配，为便于安装找正、调整，多数是底座孔径尺寸大于螺栓直径；
2）地脚螺栓长度尺寸可用下式确定：
$$L = H + S \text{ 或 } L = H - H_T + S$$
式中　L——地脚螺栓的总长度（mm）；
H——地脚螺栓埋设深度（系指一次性埋设）(mm)；
H_T——当预留地脚螺栓孔埋设时，螺栓根部与孔底的悬空距离，一般不得小于80mm；
S——垫铁高度、底座板厚度、垫圈厚度、压紧螺母厚度、防松锁紧副螺母（或弹簧垫圈）厚度和螺栓伸出螺母的长度（2~3mm）的总和（mm）。
3）为使埋设的地脚螺栓有足够的锚固力，其根部需经加热后加工（或煨成）成L、U形等形状。
（2）样板尺寸放完后，在自检合格的基础上交监理抽检，进行单项验收。
（3）不论一次埋设或事先预留的孔二次埋设地脚螺栓时，埋设前，一定要将埋入混凝土中的螺杆表面的铁锈、油污清理干净，如清理不净，会使浇筑后的混凝土与螺栓表面结合不牢，易出现缝隙或隔层，不能起到锚固底座的作用。清理的一般做法是用钢丝刷或砂纸去锈；油污一般是用火焰烧烤去除。
（4）地脚螺栓在预留孔内埋设时，其根部底面与孔底的距离不得小于80mm；地脚螺栓的中心应在预留孔中心位置，螺栓的外表与预留孔壁的距离不得小于20mm。
（5）对于预留孔的地脚螺栓埋设前，应将孔内杂物清理干净，一般做法是用长度较长的钢凿将孔底及孔壁结合薄弱的混凝土颗粒及贴附的杂物全部清除，然后用压缩空气吹净，浇筑前并用清水充分湿润，再进行浇筑。
（6）为防止浇筑时地脚螺栓的垂直度及距孔内侧壁、底部的尺寸变化，浇筑前应将地脚螺栓找正后加固固定。
（7）固定螺栓可采用下列两种方法：
1）先浇筑混凝土预留孔洞后埋螺栓时，采用型钢两次校正办法，检查无误后，浇筑预留孔洞；
</td></tr>
</table>

续表

项次	项目	质量控制要点
8	地脚螺栓埋设	2）将每根柱的地脚螺栓每8个或4个用预埋钢架固定，一次浇筑混凝土，定位钢板上的纵横轴线允许误差为0.3mm。 （8）做好保护螺栓措施。 （9）实测钢柱底座螺栓孔距及地脚螺栓位置数据，将两项数据归纳是否符合质量标准。 （10）当螺栓位移超过允许值，可用氧乙炔火焰将底座板螺栓孔扩大，安装时，另加长孔垫板，焊好。也可将螺栓根部混凝土凿去5～10cm，而后将螺栓稍弯曲，再烤直
9	地脚螺栓螺纹保护与修补	（1）与钢结构配套出厂的地脚螺栓在运输、装箱、拆箱时，均应加强对螺纹保护。正确保护法是涂油后，用油纸及线麻包装绑扎，以防螺纹锈蚀和损坏；并应单独存放，不宜与其他零、部件混装、混放，以免相互撞击损坏螺纹。 （2）基础施工埋设固定的地脚螺栓，应在埋设过程中或埋设固定后，用罩式的护、盒加以保护。 （3）钢柱等带底座板的钢构件吊装就位前应对地脚螺栓的螺纹段采取以下的保护措施： 1）不得利用地脚螺栓作弯曲加工的操作； 2）不得利用地脚螺栓作电焊机的接零线； 3）不得利用地脚螺栓作牵引拉力的绑扎点； 4）构件就位时；应用临时套管套入螺杆，并加工成锥形螺母带入螺杆顶端； 5）吊装构件时；防止水平侧向冲击力撞伤螺纹，应在构件底部拴好溜绳加以控制； 6）安装操作，应统一指挥，相互协调一致，当构件底座孔位全部垂直对准螺栓时，将构件缓慢地下降就位，并卸掉临时保护装置，带上全部螺母。 （4）当螺纹被损坏的长度不超过其有效长度时，可用钢锯将损坏部位锯掉，用什锦钢锉修整螺纹，直到顺利带入螺母为止。 （5）如地脚螺栓的螺纹被损坏的长度，超过规定的有效长度时，可用气割割掉大于原螺纹段的长度；再用与原螺栓相同的材质、规格的材料，一端加工成螺纹，并在对接的端头截面制成30°～45°的坡口与下端进行对接焊接后，再用相应直径规格、长度的钢管套入接点处，进行焊接加固补强。经套管补强加固后，会使螺栓直径大于底座板孔径，用气割扩大底座板孔的孔径来解决
10	钢柱垂直度	（1）钢柱在制作中的拼装、焊接，均应采取防变形措施；对制作时产生的变形，如超过设计规定的范围时，应及时进行矫正，以防遗留给下道工序发生更大的积累超差变形。 （2）对制作的成品钢柱要加强管理，以防放置的垫基点及运输不合理，造成由于自重压力作用产生弯矩而发生变形。 （3）因钢柱较长，其刚性较差；在外力作用下易失稳变形，因此竖向吊装时的吊点选择应正确，一般应选在柱全长2/3柱上的位置，可防止变形。 （4）吊装钢柱时还应注意起吊半径或旋转半径的正确选择，并在柱底端设置滑移设施，以防钢柱吊起扶直时发生拖动阻力以及压力作用，促使柱体产生弯曲变形或损坏底座板。 （5）当钢柱被吊装到基础平面就位时，应将柱底座板上面的纵横轴线对准基础轴线（一般由地脚螺栓与螺孔来控制），以防止其跨度尺寸产生偏差，导致柱头与屋架安装连接时，发生水平方向向内拉力或向外撑力作用，均使柱身产生弯曲变形。 （6）钢柱垂直度的校正应以纵横轴线为准，先找正固定两端边柱为样板柱，依样板柱为基准来校正其余各柱。调整垂直度时，垫放的垫铁厚度应合理，否则垫铁的厚度不均，也会造成钢柱垂直度产生偏差。实际调整垂直度的做法，多用试垫厚薄垫铁来进行，做法较麻烦；可根据钢柱的实际倾斜数值及其结构尺寸，用下式计算所需增、减垫铁厚度来调整垂直度。

续表

<table>
<tr><th>项次</th><th>项目</th><th>质量控制要点</th></tr>
<tr><td>10</td><td>钢柱垂直度</td><td>$$\delta = \frac{S \cdot B}{2L}$$
式中 δ——垫板厚度调整值（mm）；
S——柱顶倾斜的数值（mm）；
B——柱底板的宽度（mm）；
L——柱身高度（mm）。
（7）钢柱就位校正时，应注意风力和日照温度、温差的影响，避免柱身发生弯曲变形。其预防措施如下：
1）风力对柱面产生压力，使柱身发生侧向弯曲。因此，在校正柱子时，当风力超过5级时不能进行。对已校正完的柱子应进行侧向梁的安装或采取加固措施，以增加整体连接的刚性，防止风力作用变形。
2）校正柱子应注意防止温差的影响，钢柱受阳光照射的正面与侧面产生温差，使其发生弯曲变形。由于受阳光照射的一面温度越高，则阳面膨胀的程度就越大，使柱靠上端部分向阴面弯曲就越严重；故校正柱子工作应避开阳光照射的炎热时间，宜在早晨或阳光照射较低的时间及环境内进行。
（8）处理钢柱垂直度超偏的矫正措施可参考如下方法：
1）矫正前，需先在钢柱弯曲部位上方或顶端，加设临时支撑，以减轻其承载的重力；
2）单层厂房一节钢柱弯曲矫正时，可在弯曲处固定一侧向反力架，利用千斤顶进行矫正。因结构钢柱刚性较大，矫正时需用较大的外力，必要时可用氧乙炔焰在弯曲处凸面进行加热后，再施加顶力可得到矫正；
3）如果是高层结构、多节钢柱某一处弯曲矫正时，与上述2）的矫正方法相同，应按层、分节和分段进行矫正。
（9）钢柱与屋架连接安装后再吊装屋面板时，应由上弦中心两坡边缘向中间对称同步进行，严禁由一坡进行，产生侧向集中压力，导致钢柱发生弯曲变形。
（10）未经设计允许不许利用已安装好的钢柱及与其相连的其他构件，作水平曳拉或垂直吊装较重的构件和设备；如需吊装时，应征得设计单位的同意并经过周密的计算，采取有效的加固增强措施，以防止弯曲变形，甚至损坏连接结构</td></tr>
<tr><td>11</td><td>钢柱高度</td><td>（1）钢柱在制造过程中应严格控制长度尺寸，在正常情况下应控制以下三个尺寸：
1）控制设计规定的总长度及各位置的长度尺寸；
2）控制在允许的负偏差范围内的长度尺寸；
3）控制正偏差和不允许产生正超差值。
（2）制作时，控制钢柱总长度及各位置尺寸，可参考如下做法：
1）统一进行划线号料、剪切或切割；
2）统一拼接接点位置；
3）统一拼装工艺；
4）焊接环境、采用的焊接规范或工艺，均应统一；
5）如果是焊接连接时，应先焊钢柱的两端，留出一个拼接接点暂不焊，留作调整长度尺寸用，待两端焊接结束、冷却后，经过矫正最后焊接接点，以保证其全长及牛腿位置的尺寸正确；
6）为控制无接点的钢柱全长和牛腿处的尺寸正确，可先焊柱身，柱底座板和柱头板暂不焊，一旦出现偏差时，在焊柱的底端底座板或上端柱头板前进行调整，最后焊接柱底座板和柱头板。
（3）基础支承面的标高与钢柱安装标高的调整处理，应根据成品钢柱实际制作尺寸进行，以实际安装后的钢柱总高度及各位置高度尺寸达到统一</td></tr>
</table>

续表

项次	项目	质量控制要点
12	钢屋架拱度	（1）钢屋架在制作阶段按设计规定的跨度比例（1/500）进行起拱。 （2）起拱的弧度加工后不应存在应力，并使弧度曲线圆滑均匀；如果存在应力或变形时，应认真矫正消除。矫正后的钢屋架拱度应用样板或尺量检查，其结果要符合施工图规定的起拱高度和弧度；凡是拱度及其他部位的结构发生变形时，一定经矫正符合要求后，方准进行吊装 （3）钢屋架吊装前应制定合理的吊装方案，以保证其拱度及其他部位不发生变形。因屋架刚性较差，在外力作用下，使上下弦产生压力和拉力，导致拱度及其他部位发生变形。故吊装前的屋架应按不同的跨度尺寸进行加固和选择正确的吊点。否则钢屋架的拱度发生上拱过大或下挠的变形，以致影响钢柱
13	钢屋架跨度尺寸	（1）钢屋架制作时应按施工规范规定的工艺进行加工，以控制屋架的跨度尺寸符合设计要求。其控制方法如下： 1）用同一底样或模具并采用挡铁定位进行拼装，以保证拱度的正确； 2）为了在制作时控制屋架的跨度符合设计要求，对屋架两端的不同支座应采用不同的拼装形式。具体做法如下： ①屋架端部T形支座要采用小拼焊组合，组成的T形支座及屋架，经过矫正后按其跨度尺寸位置相互拼装。 ②非嵌入连接的支座，对屋架的变形经矫正后，按其跨度尺寸位置与屋架一次拼装。 ③嵌入连接的支座，宜在屋架焊接、矫正后按其跨度尺寸位置相拼装，以便保证跨度、高度的正确及便于安装； ④为了便于安装时调整跨度尺寸，对嵌入式连接的支座，制作时先不与屋架组装，应用临时螺栓放置在屋架上，以备在安装现场安装时按屋架跨度尺寸及其规定的位置进行连接。 （2）吊装前，屋架应认真检查，对其变形超过标准规定的范围时应经矫正，在保证跨度尺寸后再进行吊装。 （3）安装时为了保证跨度尺寸的正确，应按合理的工艺进行安装。 1）屋架端部底座板的基准线必须与钢柱的柱头板的轴线及基础轴线位置一致； 2）保证各钢柱的垂直度及跨距符合设计要求或规范规定； 3）为使钢柱的垂直度、跨度不产生位移，在吊装屋架前应采用小型拉力工具在钢柱顶端按跨度值对应临时拉紧定位，以便于安装屋架时按规定的跨度进行入位、固定安装； 4）如果柱顶板孔位与屋架支座孔位不一致时，不宜采用外力强制入位，应利用椭圆孔或扩孔法调整入位，并用厚板垫圈覆盖焊接，将螺栓紧固。不经扩孔调整或用较大的外力进行强制入位，将会使安装后的屋架跨度产生过大的正偏差或负偏差。
14	钢屋架垂直度	（1）钢屋架在制作阶段，对各道施工工序应严格控制质量，首先在放拼装底样画线时，应认真检查各个零件结构的位置并做好自检、专检，以消除误差；拼装平台应具有足够支承力和水平度，以防承重后失稳下沉导致平面不平，使构件发生弯曲，造成垂直度超差。 （2）拼装用挡铁定位时，应按基准线放置。 （3）拼装钢屋架两端支座板时，应使支座板的下平面与钢屋架的下弦纵横线严格垂直。 （4）拼装后的钢屋架吊出底样（模）时，应认真检查上下弦及其他构件的焊点是否与底模、挡铁误焊或夹紧，经检查排除故障或离模后再吊装，否则易使钢屋架在吊装出模时产生侧向弯曲，甚至损坏屋架或发生事故。 （5）凡是在制作阶段的钢屋架、天窗架，产生各种变形应在安装前矫正后再吊装。 （6）钢屋架安装应执行合理的安装工艺；应保证如下构件的安装质量：

续表

项次	项目	质量控制要点
14	钢屋架垂直度	1）安装到各纵横轴线位置的钢柱的垂直度偏差应控制在允许范围内，钢柱垂直度偏差也会使钢屋架的垂直度产生偏差； 2）各钢柱顶端柱头板平面的高度（标高）、水平度，应控制在同一水平面； 3）安装后的钢屋架与檩条连接时，必须保证各相邻钢屋架的间距与檩条固定连接的距离位置相一致，不然两者距离尺寸过大或过小，都会使钢屋架的垂直度产生超差。 （7）各跨钢屋架发生垂直度超差时，应在吊装屋面板前，用吊车配合来调整处理。 1）首先应调整钢柱达到垂直后，再用加焊厚薄垫铁来调整各柱头板与钢屋架端部的支座板之间接触面的统一高度和水平度； 2）如果相邻钢屋架间距与檩条连接处间的距离不符而影响垂直度时，可卸除檩条的连接螺栓，仍用厚薄平垫铁或斜垫铁，先调整钢屋架达到垂直度，然后改变檩条与屋架上弦的对应垂直位置再相连接； 3）天窗架垂直度偏差过大时，应将钢屋架调整达到垂直度并固定后，用经纬仪或线坠对天窗架两端支柱进行测量，根据垂直度偏差数值，用垫厚薄垫铁的方法进行调整
15	水平支撑安装	（1）严格控制下列构件制作、安装时的尺寸偏差： 1）控制钢屋架的制作尺寸和安装位置的准确； 2）控制水平支撑在制作时的尺寸不产生偏差，应根据连接方式采用下列方法予以控制； ①如采用焊接连接时，应用放实样法确定总长尺寸； ②如采用螺栓连接时，应通过放实样法制出样板来确定连接板的尺寸； ③钻孔时应使用统一样板进行； ④钻孔时要使用统一固定模具钻孔； ⑤拼装时，应按实际连接的构件长度尺寸、连接的位置，在底样上用挡铁准确定位进行拼装；为防止水平支撑产生上拱或下挠，在保证其总长尺寸不产生偏差的条件下，可将连接的孔板用螺栓临时连接在水平支撑的端部；待安装时与屋架相连。如水平支撑的制作尺寸及屋架的安装位置，都能保证准确时，也可将连接板按位置先焊在屋架上，安装时可直接将水平支撑与屋架孔板连接。 （2）吊架时，应采用合理的吊装工艺，防止产生弯曲变形，导致其下挠度的超差。可采用以下方法防止吊装变形： 1）如十字水平支撑长度较长、型钢截面较小、刚性较差，吊装前应用圆木杆等材料进行加固； 2）吊点位置应合理，使其受力重心在平面均匀受力，吊起时不产生下挠为准。 （3）安装时应使水平支撑稍作上拱略大于水平状态与屋架连接，则安装后的水平支撑即可消除下挠；如连接位置发生较大偏差不能安装就位时，不宜采用牵拉工具用较大的外力强行入位连接，否则不但会使屋架下弦侧向弯曲或水平支撑发生过大的上拱或下挠，还会使连接构件存在较大的结构应力
16	梁、柱部节点	（1）门式钢架跨度大于或等于15m时，其横梁宜起拱，拱度可取跨度的1/500，在制作、拼装时应确保起拱高度，注意拼装胎具下沉影响拼装过程起拱值。 （2）钢架横梁的高度与其跨度之比：格构式横梁可取1/15～1/25；实腹式横梁可取1/30～1/45。 （3）采用高强度螺栓，螺栓中心至翼缘板表面的距离，应满足拧紧螺栓时的施工要求。紧固件的中心距，理论值约为2.5mm，考虑施拧方便取3mm。 （4）梁—梁、柱—梁端部节点板焊接时要将两梁端板拼在一起有约束的情况下再进行焊接，变形即可消除

续表

项次	项目	质量控制要点
17	楼层轴线	（1）高层和超高层钢结构测设，根据现场情况可采用外控法或内控法。 1）外控法：现场较宽大，高度在100m内，地下室部分根据楼层大小可采用十字及井字控制，在柱子延长线上设置两个桩位，相邻柱中心间距的测量允许值为1mm，第1根钢柱至第2根钢柱间距的测量允许值为1mm。每节柱的定位轴线应从地面控制轴线引上来，不得从下层柱的轴线引出； 2）内控法：现场宽大，高度超过100m，地上部分在建筑物内部设辅助线，至少要设3个点，每2点连成的线最好要垂直，三点不得在一条线上。 （2）利用激光仪发射的激光点——标准点，应每次转动90°，并在目标上测4个激光点，其相交点即为正确点。除标准点外的其他各点，可用方格网法或极坐标法进行复核。 （3）内爬式塔吊或附着式塔吊，因与建筑物相连，在起吊重物时，易使钢结构本身产生水平晃动，此时应尽量停止放线。 （4）对结构自振周期引起的结构振动，可取其平均值。 （5）雾天、阴天因视线不清，不能放线。为防止阳光对钢结构照射产生变形，放线工作宜安排在日出前或日落后进行。 （6）钢尺要统一，使用前要进行温度、拉力、挠度校正，在有条件的情况下应采用全站仪，接收靶测距精度最高。 （7）在钢结构上放线要用钢划针，线宽一般为0.2mm。 （8）把轴线放到已安好的柱顶上，轴线应在柱顶上三面标出。假定x方向钢柱一侧位移值为a，另一侧轴线位移值为b，实际上钢柱柱顶偏离轴的位移值为$(a+b)/2$，柱顶扭转值为$(a-b)''$。沿Y方向的位移值为c，应做修正。
18	柱安装	（1）钢柱安装过程采取在钢柱偏斜方向的一侧打入钢楔或顶升千斤顶，如果连接板的高强度螺栓孔间隙有限，可采取扩孔办法，或预先将连接板孔制作比螺栓大4mm，将柱尽量校正到零值，拧紧连接耳板高强度螺栓。 （2）钢梁安装过程直接影响柱垂偏，首先掌握钢梁长或短数据，并用两台经纬仪、1台水平仪跟踪校正柱垂偏及梁水平度控制，梁安装过程可采用在梁柱间隙当中加铁楔进行校正柱，柱子垂直度要考虑梁柱焊接收缩值，一般为1～2mm（根据经验预留值的大小），梁水平度控制在$L/1000$内且不大于10mm，如果水平偏差过大，可采取换连接板或塞孔重新打孔办法解决。 （3）钢梁的焊接顺序是先从中间跨开始对称地向两端扩展，同一跨钢梁，先安上层梁，再安中、下层梁，把累积偏差减小到最小值。 （4）采用相对标高控制法，在连接耳板上下留15～20mm间隙，柱吊装就位后临时固定上下连接板，利用起重机起落调节柱间隙，符合标定标高后打入钢楔，点焊固定，拧紧高强螺栓，为防止焊缝收缩及柱自重压缩变形，标高偏差调整为+5mm为宜。 （5）钢柱扭转调整可在柱连接耳板的不同侧面夹入垫板（垫板厚0.5～1.0mm），打紧高强度螺栓，钢柱扭转每次调整3mm。 （6）如果塔吊固定在结构上，测量工作应在塔吊工作以前进行测量工作，以防塔吊工作时结构晃动影响测量精度
19	箱形、圆形柱、柱焊接	（1）结构安装前，应进行焊接工艺试验（正温及负温，根据当地情况而定），制定所用钢材、焊接材料及有关工艺参数和技术措施。 （2）箱形、圆形柱、柱焊接工艺按以下顺序进行： 1）在上下柱无耳板侧，由两名焊工在两侧对称等速焊至板厚1/3，切去耳板； 2）在切去耳板侧由2名焊工在两侧焊至板厚1/3； 3）两名焊工分别承担相邻两侧两面焊接，1名焊工在一面焊完一层后，立即转过90°接着焊另一面，而另1名焊工在对称侧以相同的方式保持对称同步焊接，直至焊接完毕；

续表

项次	项目	质量控制要点
19	箱形、圆形柱、柱焊接	4）两层之间焊道接头应相互错开，两名焊工焊接的焊道接头每层也要错开。 （3）阳光照射对钢柱垂偏影响很大，应根据温差大小，柱子端面形状、大小、材质，不断总结经验，找出规律，确定留出预留偏差值。 （4）柱—柱焊接过程，必须采用两台经纬仪呈90°跟踪校正，由于焊工施焊速度、风向、焊缝冷却速度不同，柱—柱节点装配间隙不同，焊缝熔敷金属不同，焊接过程中会出现偏差，可利用焊接来纠偏

6.1.3 成品保护措施

（1）钢结构成品及半成品的装卸、运输和堆放，均不得损坏构件，同时应防止变形。构件应放置在垫木上。已变形的构件应予以矫正，并重新检验。

（2）钢构件的编号、运输到安装地点的顺序，应符合安装程序，并应成批供应。

（3）高强度螺栓的安装，构件的摩擦面要干燥，不得在雨中作业。高强度螺栓应顺畅穿入孔内，不得强行敲打。

（4）吊装钢结构就位时，应缓慢下降，不得碰撞已安装好的钢结构。

（5）对制作好的钢柱等要加强管理，以防放置的垫基点及运输不合理，造成由于自重压力作用产生的弯曲变形。

6.2 一般钢结构工程施工质量控制

6.2.1 质量控制标准

1. 主控项目

钢结构安装工程施工质量监督主控项目标准见表6-2。

表6-2 主控项目内容及验收要求（GB 50205—2001）

项目	项次	项目内容	规范条文	验收要求	检验方法	检查数量
单层钢构件安装	1	基础验收	第10.2.1条	建筑物的定位轴线、基础轴线和标高、地脚螺栓的规格及其紧固应符合设计要求	用经纬仪、水准仪、全站仪和钢尺现场实测	按柱基数抽查10%，且不应少于3个

续表

项目	项次	项目内容	规范条文	验收要求	检验方法	检查数量
单层钢构件安装	1	基础验收	第10.2.2条	基础顶面直接作为柱的支承面和基础顶面预埋钢板或支座作为柱的支承面时，其支承面、地脚螺栓（锚栓）位置的允许偏差应符合GB 50205—2011中表10.2.2的规定	用经纬仪、水准仪、全站仪、水平尺和钢尺实测	按柱基数抽查10%且不应少于3个
			第10.2.3条	采用坐浆垫板时，坐浆垫板的允许偏差应符合GB 50205—2011表10.2.3的规定	用水准仪、全站仪、水平尺和钢尺现场实测	资料全数检查，按其基数抽查10%，且不应少于3个
			第10.2.4条	采用杯口基础时，杯口尺寸的允许偏差应符合GB 50205—2011表10.2.4的规定	观察及尺量检查	按基础数抽查10%，且不应少于4处
	2	构件验收	第10.3.1条	钢构件应符合设计要求和本规范的规定，运输、堆放和吊装等造成的钢构件变形及涂层脱落，应进行矫正和修补	用拉线、钢尺现场实测或观察	按构件数抽查10%，且不应少于3个
	3	顶紧接触面	第10.3.2条	设计要求顶紧的节点，接触面不应少于70%紧贴，且边缘最大间隙不应大于0.8mm	用钢尺及0.3～0.8mm厚的塞尺现场实测	按节点数抽查10%，且不应少于3个
	4	垂直度和侧弯曲	第10.3.3条	钢屋（托）架、桁架、梁及受压杆件的垂直度和侧向弯曲矢高的允许偏差应符合标准表10.3.3的规定	用吊线、拉线、经纬仪和钢尺现场实测	按同类构件数抽查10%，且不应少于3个
	5	主体结构尺寸	第10.3.4条	单层钢结构主体结构的整体整体度和整体平面弯曲的偏差应符合标准表10.3.4的规定	采用经纬仪、全站仪等测量	对主要立面全部检查。对每个所检查的立面，除两列角柱外，尚应至少选取一列中间柱

续表

项目	项次	项目内容	规范条文	验收要求	检验方法	检查数量
多层及高层钢构件安装	1	基础验收	第11.2.1条	建筑物的定位轴线、基础上柱的定位轴线和标高、地脚螺栓（锚栓）的规格和位置、地脚螺栓（锚栓）紧固应符合设计要求。当设计无要求时，应符合本规范表11.2.1的规定	采用经纬仪、水准仪、全站仪和钢尺实测	按柱基数抽查10%，且不应少于3个
			第11.2.2条	多层建筑以基础顶面直接作为柱的支承面，或以基础顶面预埋钢板或支座作为柱的支承面时，其支承面、地脚螺栓（锚栓）位置的允许偏差应符合本规范表11.2.2的规定	采用经纬仪、水准仪、全站仪和钢尺实测	按柱基数抽查10%，且不应少于3个
			第11.2.3条	多层建筑采用坐浆垫板时，坐浆垫板的允许偏差应符合本规范表11.2.3的规定	用水准仪、全站仪、水平尺和钢尺实测	全数检查。按柱基数抽查10%，且不应少于3个
			第11.2.4条	当采用杯口基础时，杯口尺寸的允许偏差应符合本规范表11.2.4的规定	观察及尺量检查	按基础数抽查10%，且不应少于4处
	2	构件验收	第11.3.1条	钢构件应符合设计要求和本规范的规定。运输、堆放和吊装等造成的钢构件变形及涂层脱落，应进行矫正和修补	用拉线、钢尺现场实测或观察	按构件数抽查10%，且不应少于3个
	3	钢柱安装精度	第11.3.2条	柱子安装和允许偏差应符合本规范表11.3.2的规定	用全站仪或激光经纬仪和钢尺实测	标准柱全部检查；非标准柱抽查10%，且不应少于3根
	4	顶紧接触面	第11.3.3条	设计要求顶紧的节点，接触面不应少于70%紧贴，且边缘最大间隙不应大于0.8mm	用钢尺及0.3mm和0.8mm厚的塞尺现场实测	按节点数抽查10%，且不应少于3个
	5	垂直度和侧弯曲	第11.3.4条	钢主梁、次梁及受压杆件的垂直度和侧向弯曲矢高的允许偏差应符合本规范表10.3.3中有关钢屋（托）架允许偏差的规定	用吊线、拉线、经纬仪和钢尺现场实测	按同类构件数抽查10%，且不应少于3个

续表

项目	项次	项目内容	规范条文	验收要求	检验方法	检查数量
多层及高层钢构件安装	6	主体结构尺寸	第 11.3.5 条	多层及高层钢结构主体结构的整体垂直度和整体平面弯曲的允许偏差应符合本规范表 11.3.5 的规定	对于整体垂直度，可采用激光经纬仪、全站仪测量，也可根据各节柱的垂直度允许偏差累计（代数和）计算。对于整体平面弯曲，可按产生的允许偏差累计（代数和）计算	对主要立面全部检查。对每个所检查的立面，除两列角柱外，尚应至少选取一列中间柱

2. 一般项目

钢结构安装工程施工质量验收一般项目标准见表 6-3。

表 6-3 一般项目内容及验收要求

项目	项次	项目内容	规范条文	验收要求	检验方法	检查数量
单层钢构件安装	1	地脚螺栓精度	第 10.2.5 条	地脚螺栓（锚栓）尺寸的偏差应符合标准中表 10.2.5 的规定。地脚螺栓（锚栓）的螺纹应受到保护	用钢尺现场实测	按全基数抽查 10%，且不应少于 3 个
	2	标记	第 10.3.5 条	钢柱等主要构件的中心线及标高基准点等标记应齐全	观察检查	按同类构件数抽查 10%，且不应于 3 件
	3	桁架、梁安装精度	第 10.3.6 条	当钢桁架（或梁）安装在混凝土柱上时，其支座中心对定位轴线的偏差不应大于 10mm，当采用大型混凝土层面板时，钢桁架（或梁）间距的偏差不应大于 10mm	用拉线和钢尺现场实测	按同类构件数抽查 10%，且不应少于 3 榀
	4	钢柱安装精度	第 10.3.7 条	钢柱安装的允许偏差应符合规范附录 E 表 E.0.1 的规定	按规范附录 E 中表 E.0.1 执行	按钢柱数抽查 10%，且不应少于 3 件
	5	檩条等墙架安装精度	第 10.3.9 条	檩条、墙架等次要构件安装的允许偏差应符合规范附录 E 表 E.0.3 的规定	按规范附录 E 中表 E.0.3 执行	按同类构件数抽查 10%，且不应少于 3 件

续表

项目	项次	项目内容	规范条文	验收要求	检验方法	检查数量
单层钢构件安装	6	平台、钢梯、栏杆安装精度	第10.3.10条	钢平台、钢梯、栏杆安装应符合现行国家标准《固定式钢直梯》(GB 4053.1)《固定钢斜梯》(GB 4053.2)《固定式防护栏杆》(GB 4053.3)和《固定式钢平台》(GB 4053.4)的规定。钢平台、钢梯和防护栏杆安装的允许偏差应符合规范附录E表E.0.4的规定	按标准附录E中表E.0.4执行	按钢平台总数抽查10%，栏杆、钢梯按总长度各抽查10%，但钢平台不应少于1个，栏杆不应少于5m，钢梯不应少于1跑
	7	现场组对精度	第10.3.11条	现场焊接组对间隙的允许偏差；无垫板间隙+3.0mm，0.0mm；有垫板间隙+3.0mm，-2.0mm	尺量检查	按同类节点数抽查10%，且不应少于3个
	8	结构表面	第10.3.12条	钢结构表面应干净，结构主要表面不应有疤痕、泥沙等污垢	观察检查	按同类构件数抽查10%，且不应少于3个
多层及高层钢构件安装	1	地脚螺栓精度	第11.2.5条	地脚螺栓（锚栓）尺寸的允许偏差应符合规范表10.2.5的规定，地脚螺栓（锚栓）的螺纹应受到保护	用钢尺现场实测	按柱基数抽查10%，且不应少于3个
	2	标记	第11.3.7条	钢柱等主要构件的中心线及标高基准点等标记应齐全	观察检查	按同类构件数抽查10%，且不应少于3件
	3	构件安装精度	第11.3.8条	钢构件安装在允许偏差应符合规范附录E中表E.0.5的规定	按规范附录E中E.0.5执行	按同类构件或节点数抽查10%，其中柱和梁各不应少于3件，主梁与次梁连接节点不应少于3个，支承压型金属板的钢梁长度不应少于5m
			第11.3.10条	当钢构件安装在混凝土柱上时，其支座中心对定位轴线的偏差不应大于10mm；当采用大型混凝土屋面板时，钢梁（或桁架）间距的偏差不应大于10mm	用拉线和钢尺现场实测	按同类构件数抽查10%，且不应少于3榀
	4	主体结构高度	第11.3.9条	主体结构总高度的允许偏差应符合规范附录E中表E.0.6的规定	采用全站仪、水准仪和钢尺实测	按标准柱列数抽查10%，且不应少于4列

续表

项目	项次	项目内容	规范条文	验收要求	检验方法	检查数量
多层及高层钢构件安装	5	檩条安装精度	第11.3.12条	多层及高层钢结构中檩条、墙架等次要构件安装的允许偏差应符合规范附录E.0.3规定	按规范附录E中表E.0.3执行	按同类构件数抽查10%，且不应少于3件
	6	平台、钢梯、栏杆安装精度	第11.3.13条	多层及高层钢结构中钢平台、钢梯、栏杆安装应符合现行国家标准《固定式钢直梯》(GB 4053.1)、《固定钢斜梯》(GB 4053.2)、《固定式防护栏杆》(GB 4053.3)和《固定式钢平台》(GB 4053.4)的规定，钢平台、钢梯和防护栏杆安装的允许偏差应符合规范附录E中表E.0.4规定	表E.0.4	按钢平台总数抽查10%，栏杆、钢梯按总长度各抽查10%，但钢平台不应少于1个，栏杆不应少于5mm，钢梯不应少于1跑
	7	现场组对精度	第11.3.14条	多层及高层钢结构中现场焊缝组对间隙的允许偏差，无垫板间隙+3.0mm；0.0mm有垫板间隙+3.0mm，－2.0mm	尺量检查	按同类节点数抽查10%，且不应少于3个
	8	结构表面	第11.3.6条	钢结构表面应干净，结构主要表面不应有疤痕、泥沙等污垢	观察检查	按同类构件数抽查10%，且不应少于3个

6.2.2　质量验收文件

1. 单层钢结构安装工程

(1) 构件出厂合格证。

(2) 钢结构工程竣工图及相关文件。

(3) 砂浆试块强度试验报告。

(4) 有关安全功能的检验和见证检测项目检查记录。

(5) 有关观感质量检验项目检查记录。

(6) 隐蔽验收记录。

(7) 钢结构单项结构安装分项工程检验批质量验收记录。

(8) 不合格项的处理记录及验收记录。

(9) 重大质量、技术问题实施方案及验收记录。

(10) 其他有关文件和记录。

2. 多层及高层钢结构安装工程

(1) 构件出厂合格证。

(2) 钢结构工程竣工图及相关文件。

(3) 砂浆试块强度试验报告。

(4) 有关安全功能的检验和见证检测项目检查记录。

(5) 有关观感质量检验项目检查记录。

(6) 隐蔽验收记录。

(7) 钢结构多层及高层结构安装分项工程检验批质量验收记录。

(8) 不合格项的处理记录及验收记录。

(9) 重大质量、技术问题实施方案及收验记录。

(10) 其他有关文件和记录。

6.2.3 质量验收记录表

表 6-4 单层钢构件安装工程检验批质量验收记录表（GB 50205—2001）

<table>
<tr><td colspan="3">单位（子单位）工程名称</td><td colspan="3"></td></tr>
<tr><td colspan="3">分部（子分部）工程名称</td><td colspan="2"></td><td>验收部位</td><td></td></tr>
<tr><td colspan="2">施工单位</td><td colspan="2"></td><td>项目经理</td><td></td></tr>
<tr><td colspan="2">分包单位</td><td colspan="2"></td><td>分包项目经理</td><td></td></tr>
<tr><td colspan="3">施工执行标准名称及编号</td><td colspan="3"></td></tr>
<tr><td colspan="4">施工质量验收规范的规定</td><td>施工单位检查评定记录</td><td>监理（建设）单位验收记录</td></tr>
<tr><td rowspan="5">主控项目</td><td>1</td><td>基础验收</td><td>第 10.2.1，10.2.2，10.2.3，10.2.4 条</td><td></td><td rowspan="5"></td></tr>
<tr><td>2</td><td>构件验收</td><td>第 10.3.1 条</td><td></td></tr>
<tr><td>3</td><td>顶紧接触面</td><td>第 10.3.2 条</td><td></td></tr>
<tr><td>4</td><td>垂直度和侧弯曲</td><td>第 10.3.3 条</td><td></td></tr>
<tr><td>5</td><td>主体结构尺寸</td><td>第 10.3.4 条</td><td></td></tr>
<tr><td rowspan="9">一般项目</td><td>1</td><td>地脚螺栓精度</td><td>第 10.2.5 条</td><td></td><td rowspan="9"></td></tr>
<tr><td>2</td><td>标记</td><td>第 10.3.5 条</td><td></td></tr>
<tr><td>3</td><td>桁架、梁安装精度</td><td>第 10.3.6 条</td><td></td></tr>
<tr><td>4</td><td>钢柱安装精度</td><td>第 10.3.7 条</td><td></td></tr>
<tr><td>5</td><td>吊车梁安装精度</td><td>第 10.3.8 条</td><td></td></tr>
<tr><td>6</td><td>檩条、墙架等安装精度</td><td>第 10.3.9 条</td><td></td></tr>
<tr><td>7</td><td>平台、钢梯、栏杆安装精度</td><td>第 10.3.10 条</td><td></td></tr>
<tr><td>8</td><td>现场组对精度</td><td>第 10.3.11 条</td><td></td></tr>
<tr><td>9</td><td>结构表面</td><td>第 10.3.12 条</td><td></td></tr>
<tr><td colspan="3" rowspan="2">施工单位检查评定结果</td><td colspan="2">专业工长（施工员）</td><td>施工班组长</td></tr>
<tr><td colspan="3">项目专业质量检查员：　　年　月　日</td></tr>
<tr><td colspan="3">监理（建设）单位验收结论</td><td colspan="3">专业监理工程师：
（建设单位项目专业技术负责人）：　　年　月　日</td></tr>
</table>

表6-4 填写说明

1. 主控项目

（1）基础验收。建筑物的定位轴线、基础轴线和标高、地脚螺栓的规格及其紧固应符合设计。

（2）构件验收。钢构件应符合设计要求和《钢结构工程施工质量验收规范》（GB 50205—2001）的规定。运输堆放和吊装等造成的钢构件变形及涂层脱落，应进行矫正和修补。

（3）设计要求顶紧的节点，接触面不应少于70%紧贴且边缘最大间隙不应大于0.8mm。

（4）钢层（托）架、桁架、梁及受压杆件的垂直度和侧向弯曲矢高的允许偏差应符合GB 50205—2001的规定。

（5）单层钢结构主体结构的整体垂直度和整体平面弯曲的允许偏差：垂直度$H/1000$，不应大于25.0mm；平面弯曲$L/1500$，不应大于25.0mm。

2. 一般项目

（1）地脚螺栓（锚栓）尺寸的偏差。螺栓露出长度和螺纹长度均为：+30.0mm。

（2）钢柱等主要构件的中心线及标高基准点等标记应齐全。

（3）钢桁架（或梁）安装在混凝土柱上时，其支座中心对定位轴线的偏差不应大于10mm；当采用大型混凝土层面板时，钢桁架（或梁）间距的偏差不应大于10mm；

（4）钢柱安装的允许偏差应符合GB 50205—2001的规定。

（5）钢吊车梁或直接承受动力荷载的类似构件，其安装的允许偏差应符合GB 50205—2001的规定。

（6）檩条、墙架等次要构件安装的允许偏差应符合GB 50205—2001的规定。

（7）钢平台、钢梯、栏杆安装应符合《固定式钢直梯》（GB 4053.1）《固定钢斜梯》（GB 4053.2）《固定式防护栏杆》（GB 4053.3）和《固定式钢平台》（GB 4053.4）的规定，钢平台、钢梯和防护栏杆安装的允许偏差应符合GB 50205—2001的规定。

（8）现场焊接缝组对间隙的允许偏差。无垫板间隙+3.0mm，0.0mm；有垫板间隙+3.0mm，-2.0mm。

（9）钢结构表面应干净，结构主要表面不应有疤痕、泥沙等污垢。

表 6-5　多层及高层钢构件安装工程检验批质量验收记录（GB 50205—2001）

<table>
<tr><td colspan="3">单位（子单位）工程名称</td><td colspan="4"></td></tr>
<tr><td colspan="3">分部（子分部）工程名称</td><td colspan="2"></td><td>验收部位</td><td></td></tr>
<tr><td colspan="2">施工单位</td><td colspan="3"></td><td>项目经理</td><td></td></tr>
<tr><td colspan="2">分包单位</td><td colspan="3"></td><td>分包项目经理</td><td></td></tr>
<tr><td colspan="3">施工执行标准名称及编号</td><td colspan="4"></td></tr>
<tr><td colspan="4">施工质量验收规范的规定</td><td colspan="2">施工单位检查评定记录</td><td>监理（建设）单位验收记录</td></tr>
<tr><td rowspan="6">主控项目</td><td>1</td><td>基础验收</td><td>第 11.2.1，11.2.2，11.2.3，11.2.4 条</td><td colspan="2"></td><td rowspan="6"></td></tr>
<tr><td>2</td><td>构件验收</td><td>第 11.3.1 条</td><td colspan="2"></td></tr>
<tr><td>3</td><td>钢柱安装精度</td><td>第 11.3.2 条</td><td colspan="2"></td></tr>
<tr><td>4</td><td>顶紧接触面</td><td>第 11.3.3 条</td><td colspan="2"></td></tr>
<tr><td>5</td><td>垂直度和侧弯曲</td><td>第 11.3.4 条</td><td colspan="2"></td></tr>
<tr><td>6</td><td>主体结构尺寸</td><td>第 11.3.5 条</td><td colspan="2"></td></tr>
<tr><td rowspan="9">一般项目</td><td>1</td><td>地脚螺栓精度</td><td>第 11.2.5 条</td><td colspan="2"></td><td rowspan="9"></td></tr>
<tr><td>2</td><td>标记</td><td>第 10.3.5 条</td><td colspan="2"></td></tr>
<tr><td>3</td><td>构件安装精度</td><td>第 11.3.8，11.3.10 条</td><td colspan="2"></td></tr>
<tr><td>4</td><td>主体结构高度</td><td>第 11.3.9 条</td><td colspan="2"></td></tr>
<tr><td>5</td><td>吊车梁安装精度</td><td>第 11.3.11 条</td><td colspan="2"></td></tr>
<tr><td>6</td><td>檩条安装精度</td><td>第 11.3.12 条</td><td colspan="2"></td></tr>
<tr><td>7</td><td>平台等安装精度</td><td>第 11.3.13 条</td><td colspan="2"></td></tr>
<tr><td>8</td><td>现场组对精度</td><td>第 11.3.14 条</td><td colspan="2"></td></tr>
<tr><td>9</td><td>结构表面</td><td>第 11.3.6 条</td><td colspan="2"></td></tr>
<tr><td colspan="3" rowspan="2">施工单位检查评定结果</td><td>专业工长（施工员）</td><td></td><td>施工班组长</td><td></td></tr>
<tr><td colspan="4">项目专业质量检查员：　　　　年　　月　　日</td></tr>
<tr><td colspan="3">监理（建设）单位验收结论</td><td colspan="4">专业监理工程师：
（建设单位项目专业技术负责人）：　　　　年　　月　　日</td></tr>
</table>

表 6-5 填写说明

1. 主控项目

（1）基础验收。建筑物的定位轴线、基础上柱的定位轴线和标高、地脚螺栓（锚栓）的规格和位置、地脚螺栓（锚栓）紧固应符合设计要求。

（2）构件验收。钢构件应符合设计要求和《钢结构工程施工质量验收规范》（GB 50205—2001）的规定。运输、堆放和吊装等造成的钢构件变形及涂层脱落，应进行矫正和修补。

（3）钢柱安装允许偏差。柱底轴线对定位轴线偏移3.0mm，柱子定位轴线1.0mm；单节柱垂直度$H/1000$，≯50.0mm；平面弯曲$L/1500$，≯25.0mm。

（4）顶紧接触面。

（5）垂直度。

（6）主体结构尺寸。

2. 一般项目

（1）地脚螺栓尺寸允许偏差，螺栓露出长度和螺纹长度均为：+30.00mm。地脚螺栓（锚栓）的螺纹受到保护。

（2）标记。钢柱等主要构件的中心线及标高基准点等标记应齐全。

（3）钢构件安装的允许偏差应符合GB 50205—2001的规定。当钢构件安装在混凝土柱上时，其支座中心对定位轴线的偏差不应大于10mm，采用大型混凝土屋面板时，钢梁（或桁架）间距的偏差不应大于10mm。

（4）主体结构总高度的允许偏差应符合GB 50205—2001的规定。

（5）多层及高层钢结构中钢吊车梁或直接承受动力荷载的类似构件，其安装的允许偏差应符合GB 50205—2001的规定。

（6）多层及高层钢结构中檩条、墙架等次要构件安装的允许偏差应符合GB 50205—2001的规定。

（7）钢平台、钢梯、栏杆安装在符合《固定式钢直梯》(GB 4053.1)、《固定式钢斜梯》(GB 4053.2)、《固定式防护栏杆》(GB 4053.3）和《固定式钢平台》(GB 4053.4）的规定。钢平台、钢梯和防护栏杆安装的允许偏差应符合GB 50205—2001附录E中表E.0.3的规定。

（8）多层及高层钢结构中现场焊缝组对间隙的允许偏差。无垫板间隙，+3.0mm，0.0mm；有垫板间隙+3.0mm，-2.0mm

（9）钢结构表面应干净，结构主要表面不应有疤痕、泥沙等污垢。

6.3　钢网架安装质量控制

6.3.1　钢网架安装基本规定

（1）钢网架结构安装应符合以下规定：

①安装的测量校正、高强度螺栓安装、负温度下施工及焊接工艺等，应

在安装前进行工艺试验或评定，并应在此基础上制定相应的施工工艺或方案。

②安装偏差的检测，应在结构形成空间刚度单元并连接固定后进行。

③安装时，必须控制屋面、楼面、平台等的施工荷载，施工荷载和冰雪荷载等严禁超过梁、桁架、楼面板、屋面板、平台铺板等的承载能力。

(2) 钢网架结构支座定位轴线的位置、支座锚栓的规格应符合设计要求。

检查数量：按支座数抽查10%，且不应少于4处。

检验方法：用经纬仪和钢尺实测。

(3) 支承面顶板的位置、标高、水平度以及支座锚栓位置的允许偏差应符合表6-6的规定。

表6-6　支承面顶板、支座锚栓位置的允许偏差

项目		允许偏差（mm）
支承面顶板	位置	15.0
	顶面标高	0 -3.0
	顶面水平度	$L/1000$
支座锚栓	中心偏移	±5.0

检查数量：按支座数抽查10%，且不应少于4处。

检验方法：用经纬仪、水准仪、水平尺和钢尺实测。

(4) 支承垫块的种类、规格、摆放位置和朝向，必须符合设计要求和国家现行有关标准的规定。橡胶垫块与刚性垫块之间或不同类型刚性垫块之间不得互换使用。

检查数量：按支座数抽查10%，且不应少于4处。

检验方法：观察和用钢尺实测。

(5) 网架支座锚栓的紧固应符合设计要求。

检查数量：按支座数抽查10%，且不应少于4处。

检验方法：观察检查。

(6) 地脚锚栓（锚栓）尺寸的允许偏差应符合表6-7的规定。地脚锚栓（锚栓）的螺纹应受到保护。

检查数量：按支座数抽查10%，且不应少于3个。

检验方法：用钢尺实测。

表 6-7 地脚螺栓（锚栓）尺寸的允许偏差

项　目	允许偏差（mm）
螺栓（锚栓）露出长度	+30.0 0.0
螺纹长度	+30.0 0.0

（7）对建筑结构安全等级为一级，跨度 40m 及以上的公共建筑钢网架结构，且设计有要求时，应按下列项目进行节点承载力试验，其结果应符合以下规定：

①焊接球节点应按设计指定规格的球及其匹配的钢管焊接成试件，进行轴心拉、压承载力试验，其试验破坏荷载值大于或等于 1.6 倍设计承载力为合格。

②螺栓球节点应按设计指定规格的球最大螺栓孔螺纹进行抗拉强度保证荷载试验，当达到螺栓的设计承载力时，螺孔、螺纹及封板仍完好无损为合格。

检查数量：每项试验做 3 个试件。

检验方法：在万能试验机上进行检验，检查试验报告。

（8）钢网架结构总拼完成后及屋面工程完成后应分别测量其挠度值，且所测的挠度值不应超过相应设计值的 1.15 倍。

检查数量：跨度 24m 及以下钢网架结构测量下弦中央一点；跨度 24m 以上钢网架结构测量下弦中央一点及各向下弦跨度的四等分点。

（9）钢网架结构安装完成后，其节点及杆件表面应干净，不应有明显的疤痕、泥沙和污垢。螺栓球节点应将所有接缝用油腻子填嵌严密，并应将多余螺孔封口。

检验方法：观察检查。

（10）钢网架结构安装完成后，其安装的允许偏差应符合 GB 50205—2001 的规定。

检查数量：除杆件弯曲矢高按杆件数抽查 5% 外，其余全数检查。

检验方法：见表 6-8。

表 6-8 钢网架结构安装的允许偏差

项目	允许偏差（mm）	检验方法
纵向、横向长度	$L/2000$，且不应大于 30.0； $-L/2000$，且不应小于 -30.0	用钢尺实测
支座中心偏移	$L/3000$，且不应大于 30.0	用钢尺和经纬仪实测
周边支承网架相邻支座高差	$L/400$，且不应大于 15.0	用钢尺和水准仪实测
支座最大高差	30.0	
多点支承网架相邻支座高差	$L_1/800$，且不应大于 30.0	

注：(1) L 为纵向、横向长度；
(2) L_1 为相邻支座间距。

6.3.2 钢网架安装质量控制要点

钢网架安装质量控制要点，见表 6-9。

表 6-9 钢网架安装质量控制要点

项次	项目	质量控制要点
1	焊接球、螺栓球及焊接钢板等节点及杆件制作精度	(1) 焊接球：半圆球宜用机床加工制作坡口。焊接后的成品球，其表面应光滑平整，不能有局部凸起或折皱。直径允许误差为 ±2mm；不圆度为 2mm；厚度不均匀度为 200 个为一批（当不足 200 个时，也以一批处理），每批取两个进行抽样检验，如其中有 1 个不合格则加倍取样，如其中又有 1 个不合格，则该批球为不合格品； (2) 螺栓球：毛坯不圆度的允许制作误差为 2mm，螺栓按 3 级精度加工，其检验标准按《钢网架螺栓球节点用高强度螺栓》(GB/T 16939) 技术条件进行； (3) 焊接钢板节点的成品允许误差为 ±2mm；角度可用角度尺检查，其接触面应密合； (4) 焊接节点及螺栓球节点的钢管杆件制作成品长度允许误差为 ±1mm；锥头与钢管同轴度偏差不大于 0.2mm； (5) 焊接钢板节点的型钢杆件制作成品长度允许误差为 ±2mm
2	钢管球节点焊缝收缩量	钢管球节点加套管时，每条焊缝收缩为 1.5 ~ 3.5mm；不加套管时，每条焊缝收缩应为 1.0 ~ 0.2mm；焊接钢板节点，每个节点收缩量应为 2.0 ~ 3.0mm
3	管球焊接	(1) 钢管壁厚 4 ~ 9mm 时，坡口≥45°为宜。由于局部未焊透，所以加强部位高度要大于或等于 3mm；钢管壁厚≥10mm 时采用圆弧坡口焊接，钝边≤2mm，单面焊接双面成型易焊透； (2) 焊工必须持有钢管定位焊接操作证； (3) 严格执行坡口焊接及圆弧形坡口焊接工艺； (4) 焊前清除焊接处污物； (5) 为保证焊缝质量，对于等强焊缝必须符合《钢结构工程施工质量验收

续表

项次	项目	质量控制要点
3	管球焊接	规范》(GB 50205—2001) 二级焊缝的质量，除进行外观检验外，对大中跨度钢管网架的拉杆与球的对接焊缝，应作无损探伤检验，其抽样数不少于焊口总数的20%。钢管厚度大于4mm时，开坡口焊接，钢管与球壁之间必须留有3～4mm间隙，以便加衬管焊接时根部易焊透。但是加衬管办法给拼装带来很大麻烦。故一般在合拢杆件情况下，采用加衬管办法
4	焊接球节点的钢管布置	(1) 在杆件端头加锥头（锥头比杆件细），另加肋焊于球上； (2) 将没有达到满应力的杆件的直径改小； (3) 两杆件距离不小于10mm，否则开成马蹄形，两管间焊接时须在两管间加补强； (4) 凡遇有杆件相碰，必须与设计单位研究处理
5	螺栓球节点	(1) 螺栓球节点的螺纹应按6H级精度加工，并符合国家标准的规定。球中心至螺孔端面距离偏差为±0.20mm，螺栓球螺孔角度允许偏差为±30°。 (2) 钢管杆件成品是指钢管与锥头或封板的组合长度，其允许偏差值指组合偏差为±1mm。 (3) 钢管杆件宜用机床、切管机、爬管机下料，也可用气割下料，其长度都应考虑杆件与锥头或封板焊接收缩量值。影响焊接收缩量的因素较多，如焊接长度和厚度、气温的高低、焊接电流大小、焊接方法、焊接速度、焊接层次、焊工技术水平等，具体收缩值可通过试验和经验数值确定。 (4) 拼装顺序应从一端向另一端，或者从中间向两边，以减少累积偏差。 拼装工艺：先拼下弦杆，将下弦的标高和轴线校正后，全部拧紧螺栓定位，安装腹杆，必须使其下弦连接端的螺栓拧紧，如拧不紧，当周围螺栓都拧紧后，因锥头或封板孔较大，螺栓有可能偏斜，难以处理。连接上弦时，开始不能拧紧，如此循环部分网架拼装完成后，要检查螺栓，对松动螺栓，再复拧一次。 (5) 螺栓球节点网架安装时，必须将高强度螺栓拧紧，螺栓拧进长度为该螺栓直径的1倍时，可以满足受力要求。按规定拧进长度为直径的1.1倍，并随时进行复拧。 (6) 螺栓球与钢管特别是接杆的连接，杆件在承受拉力后即变形，必然产生缝隙，在南方或沿海地区，水汽有可能进入高强度螺栓或钢管中，易腐蚀，因此网架的屋盖系统定装后，再对网架各个接头用油腻子将所有空余螺孔及接缝处填嵌密实，补刷防腐漆两道
6	焊接顺序	网架焊接顺序应为先焊下弦节点，使下弦收缩向上拱起，然后焊腹杆及上弦。焊接时应尽量避免形成封闭圈，否则焊接应力加大，产生变形。一般可采用循环焊接法
7	拼装顺序	(1) 大面积拼装一般采取从中间向两边或向四周顺序拼装，杆件有一端是自由端，能及时调整拼装尺寸，以减小焊接应力与变形； (2) 螺栓球节点总拼顺序一般从一边向另一边，或从中间向两边顺序进行。只有螺栓头与锥筒（封板）端部齐平时，才可以跳格拼装，其顺序为：下弦→斜杆→上弦； (3) 螺栓球节点总拼顺序一般从一边向另一边，或从中间向两边顺序进行。只有螺栓头与锥筒（封板）端部齐平时，才可以跳格拼装，其顺序为：下弦→斜杆→上弦

续表

项次	项目	质量控制要点
8	高空散装法标高	（1）采用控制屋脊线标高的方法拼装，一般从中间向两侧发展，以减小累积偏差和便于控制标高，使误差消除在边缘上； （2）拼装支架应进行设计，对重要的或大型工程，还应进行试压，使其具有足够的强度和刚度，并满足单肢和整体稳定的要求； （3）悬挑拼装时，由于网架单元不能承受自重，所以对网架要进行加固。即在网架拼装过程中必须是稳定的。支架承受荷载，必然产生沉降，必须采取千斤顶随时进行调整，当调整无效时，应会同技术人员解决，否则影响拼装精度。支架总沉降量经验值应小于5mm
9	高空滑移法	（1）适当增大网架杆件断面，以增强其刚度； （2）拼装时增加网架施工起拱数值； （3）大型网架安装时，中间应设置滑道，以减小网架跨度，增强其刚度； （4）在拼接处可临时加反梁，或增设三层网架加强刚度； （5）为避免滑移过程中，因杆件内力改变而影响挠度值，必须控制网架滑移过程中的同步数值，其方法可采用在网架两端滑轨上标出尺寸，也可以利用自整角机代替标尺
10		（1）顶升同步值按千斤顶行程而定，并设专人指挥顶升速度； （2）顶升点处的网架做法可做成上支承点或下支承点形式，并有足够的刚度。为增加柱子刚度，可在双肢柱间增加缀条； （3）顶升点的布置距离，应通过计算，避免杆件受压失稳； （4）顶升时，各顶点的允许高差值应满足以下要求： 1）相邻两个顶升支承结构间距为1/1000，且不大于300mm； 2）在一个顶升支承结构上，有两个或两个以上千斤顶时，为千斤顶间距的1/200，且不大于10mm。 （5）千斤顶合力与柱轴线位移允许值为5mm，千斤顶应保持垂直； （6）顶升前及顶升过程中，网架支座中心对柱轴线的水平偏移，不得大于截面短边尺寸的1/50及柱高的1/500； （7）支承结构如柱子刚性较大，可不设导轨；如刚性较小，必须加设导轨； （8）已发现位移，可以把千斤顶用楔片垫斜或人为造成反向升差；或将千斤顶平放，水平支顶网支座
11	整体提升柱的稳定性	（1）网架提升吊点要通过计算，尽量与设计受力情况相接近，避免杆件失稳；每个提升设备所受荷载尽量达到平衡；提升负荷能力，群顶或群机作业按额定能力乘以折减系数，电力螺杆升板机为0.7～0.8，穿心式千斤顶为0.5～0.6； （2）不同步的升差值对柱的稳定性有很大影响，当用升板机时允许差值为相邻提升点距离的1/250，且不大于25mm； （3）提升设备放在柱顶或放在被提升重物上应尽量减少偏心距； （4）网架提升过程中，为防止大风影响，造成柱倾覆，可在网架四角拉上缆风绳，平时放松，风力超过5级应停止提升，拉紧缆风绳； （5）采用提升法施工时，下部结构应形成稳定的框架结构体系，即柱间设置水平支撑及垂直支撑，独立柱应根据提升受力情况进行验算； （6）升网滑模提升速度应与混凝土强度相适应，混凝土强度等级必须达到C10级； （7）不论采用何种整体提升方法，柱的稳定性都直接关系到施工安全，因此必须做施工组织设计，并与设计人员共同对柱的稳定性进行验算

续表

项次	项目	质量控制要点
12	整体安装空中移位	（1）由于网架是按使用阶段的荷载进行设计的，设计中一般难以准确计入施工荷载，所以施工之前应按吊装时的吊点和预先考虑的最大提升高差，验算网架整体安装所需的刚度，并据此确定施工指施或修改设计； （2）要严格控制网架提升高差，尽量做到同步提升。提升高差允许值（指相邻两扒杆间或相邻两吊点组的合力点间相对高差），要取吊点间距的1/400，且不大于100mm，或通过验算而定； （3）采用扒杆安装时，应使卷扬机型号、钢丝绳型号以及起升速度相同，并且使吊点钢丝绳相通，以达到吊点间杆件受力一致。采取多机抬吊安装时，应使起重机型号、起升速度相同，吊点间钢丝绳相通，以达到杆件受力一致； （4）合理布置起重机械及扒杆； （5）缆风地锚必须经过计算，缆风主初拉应力控制到60%，施工过程中应设专人检查； （6）网架安装过程中，扒杆顶端偏斜不超过1/1000（扒杆高），且不大于30mm

6.4　钢网架工程施工质量控制

6.4.1　质量验收标准

1. 主控项目

钢网架安装工程质量验收主控项目标准，见表6-10。

表6-10　主控项目内容及验收要求

项目	项次	项目内容	规范条文	验收要求	检验方法	检查数量
主控项目	1	基础验收	第12.2.1条	钢网架结构支座定位轴线的位置、支座锚栓的规格应符合设计要求	用经纬仪和钢尺实测	按支座数抽查10%，且不应少于4处
			第12.2.2条	支承面顶板的位置、标高、水平度以及支座锚栓位置的允许偏差应符合GB 50205的规定	用经纬仪、水准仪、水平尺和钢尺实测	按支座数抽查10%，且不应少于4处
	2	支承垫块	第12.2.3条	支承垫块的种类、规格、摆放位置和朝向，必须符合设计要求和国家现行有关标准的规定。橡胶垫块与刚性垫块之间或不同类型刚性垫块之间不得互换使用	观察和用钢尺实测	按支座数抽查10%，且不应少于4处

续表

项目	项次	项目内容	规范条文	验收要求	检验方法	检查数量
主控项目	2	支座锚栓	第12.2.4条	网架支座锚栓的紧固应符合设计要求	观察检查	按支座数抽查10%，且不应少于4处
	3	橡胶垫	第4.10.1条	钢结构用橡胶垫的品种、规格、性能等应符合现行国家产品标准和设计要求	检查产品的质量合格证明文件、中文标志及检验报告等	全数检查
	4	拼装精度	第12.3.1条	小拼单元的允许偏差应符合GB 50205的规定	用钢尺和拉线等辅助量具实测	按单元数抽查5%，且不应少于5个
			第12.3.2条	中拼单元的允许偏差应符合GB 50205的规定	用钢尺和辅助量具实测	全数检查
	5	节点承载力试验	第12.3.3条	对建筑结构安全等级为一级，跨度40m及以上的公共建筑钢网架结构，且设计有要求时，应按下列项目进行节点承载力试验，其结果应符合以下规定： （1）焊接球节点应按设计指定规格的球及其匹配的钢管焊接成试件，进行轴心拉、压承载力试验，其试验破坏荷载值大于或等于1.6倍设计承载力为合格； （2）螺栓球节点应按设计指定规格的球最大螺栓孔螺纹进行抗拉强度保证荷载试验，当达到螺栓的设计承载力时，螺孔、螺纹及封板仍完好无损为合格	在万能试验机上进行检验，检查试验报告	每项试验做3个试件
	6	结构挠度	第12.3.4条	钢网架结构总拼完成后及屋面工程完成后应分别测量其挠度值，且所测的挠度值不应超过相应设计值的1.15倍	用钢尺和水准仪实测	跨度24m及以下钢网架结构测量下弦中央一点；跨度24m以上钢网架结构测量下弦中央一点及各向下弦跨度的四等分点

2. 一般项目

钢网架安装工程质量验收一般项目标准，见表6-11。

表6-11 一般项目内容及验收要求

项目	项次	项目内容	规范条文	验收要求	检验方法	检查数量
一般项目	1	锚栓精度	第12.2.5条	支座锚栓尺寸的允许偏差应符合GB 50205的规定。支座锚栓的螺纹应受到保护	用钢尺实测	按支座数抽查10%，且不应少于4处
	2	结构表面	第12.3.5条	钢网架结构安装完成后，其节点及杆件表面应干净，不应有明显的疤痕、泥沙和污垢。螺栓球节点应将所有接缝用油腻子填嵌严密，并应将多余螺孔封口	观察检查	按节点及沙杆件数抽查5%，且不应少于10个节点
	3	安装精度	第12.3.6条	钢网架结构安装完成后，其安装的允许偏差应符合GB 50205的规定	见表6-8	除杆件弯曲矢高按杆件数抽查5%外，其余全数检查
	4	高强度螺栓紧固	第6.3.8条	螺栓球节点网架总拼完成后，高强度螺栓与球节点应紧固连接，高强度螺栓拧入螺栓球内的螺纹长度不应小于1.0d(d为螺栓直径)，连接处不应出现有间隙、松动等未拧紧情况	普通扳手及尺量检查	按节点数抽查5%，且不应少于10个

6.4.2 质量验收文件

(1) 构件出厂合格证。

(2) 钢网架工程竣工图及相关文件。

(3) 砂浆试块强度试验报告。

(4) 有关安全功能的检验和见证检测项目检查记录。

(5) 有关观感质量检验项目检查记录。

(6) 隐蔽工程验收记录。

(7) 钢结构（网架结构）安装分项工程检验批质量验收记录。

(8) 不合格项的处理记录及验收记录。

（9）重大质量、技术问题实施方案及验收记录。

（10）其他有关文件和记录。

多层及高层钢构件安装工程检验质量验收见记录表6-12。

表6-12　多层及高层钢构件安装工程检验批质量验收记录表（GB 50205—2001）

<table>
<tr><td colspan="3">单位（子单位）工程名称</td><td colspan="4"></td></tr>
<tr><td colspan="3">分部（子分部）工程名称</td><td colspan="2"></td><td>验收部位</td><td></td></tr>
<tr><td>施工单位</td><td colspan="4"></td><td>项目经理</td><td></td></tr>
<tr><td>分包单位</td><td colspan="4"></td><td>分包项目经理</td><td></td></tr>
<tr><td colspan="3">施工执行标准名称及编号</td><td colspan="4"></td></tr>
<tr><td colspan="4">施工质量验收规范的规定</td><td colspan="2">施工单位检查评定记录</td><td>监理（建设）单位验收记录</td></tr>
<tr><td rowspan="6">主控项目</td><td>1</td><td>基础验收</td><td>第12.2.1条
第12.2.2条</td><td colspan="2"></td><td rowspan="6"></td></tr>
<tr><td>2</td><td>支座</td><td>第12.2.3条
第12.2.4条</td><td colspan="2"></td></tr>
<tr><td>3</td><td>橡胶垫</td><td>第4.10.1条</td><td colspan="2"></td></tr>
<tr><td>4</td><td>拼装精度</td><td>第4.3.1条
第4.3.2条</td><td colspan="2"></td></tr>
<tr><td>5</td><td>节点承载力试验</td><td>第12.3.3条</td><td colspan="2"></td></tr>
<tr><td>6</td><td>结构挠度</td><td>第12.3.4条</td><td colspan="2"></td></tr>
<tr><td rowspan="4">一般项目</td><td>1</td><td>锚栓精度</td><td>第12.2.5条</td><td colspan="2"></td><td rowspan="4"></td></tr>
<tr><td>2</td><td>结构挠度</td><td>第12.3.5条</td><td colspan="2"></td></tr>
<tr><td>3</td><td>安装精度</td><td>第12.3.5条</td><td colspan="2"></td></tr>
<tr><td>4</td><td>高强度螺栓紧固</td><td>第6.3.8条</td><td colspan="2"></td></tr>
<tr><td colspan="3" rowspan="2">施工单位检查评定结果</td><td>专业工长（施工员）</td><td></td><td>施工班组长</td><td></td></tr>
<tr><td colspan="4">项目专业质量检查员：　　　年　月　日</td></tr>
<tr><td colspan="3">监理（建设）单位验收结论</td><td colspan="4">专业监理工程师：
（建设单位项目专业技术负责人）：　　　年　月　日</td></tr>
</table>

表6-12 填写说明

1. 主控项目

（1）基础验收。钢网架结构支座定位轴线的位置、支座锚栓的规格符合设计要求。支承面顶板的位置、标高、水平度及支座锚栓位置的允许偏差。支承面顶板位置15mm；顶面标高0，－3mm；顶面水平度$L/1000$；支座锚栓中心偏移±5mm。

（2）支座。支承垫块的种类、规格、摆放位置和朝向，必须符合设计要求和有关标准和规定。橡胶垫块与刚性垫块之间或不同类型刚性垫块之间不得互换使用。网架支座锚栓的紧固符合设计要求。

（3）橡胶垫。橡胶垫的品种、规格、性能符合产品标准和设计要求。

（4）拼装精度。小拼单元的允许偏差符合GB 50205的规定；中拼单元的允许偏差符合GB 50205的规定。

（5）节点承载力试验。建筑结构安全等级一级，40m及以上的公共建筑钢网架结构，且设计有要求时，应按规定进行节点承载力试验，其结果应符合规定。

（6）钢网架结构总拼完成后及屋面工程完成后应分别测量其挠度值，且所测的挠度值不应超过相应设计值的1.15倍。跨度24m及以下钢网架结构测量下弦中央一点，跨度24m以上钢网架结构测量下弦中央一点及各向下弦跨度的四等分点。

2. 一般项目

（1）支座锚栓的螺纹得到保护，其尺寸的允许偏差符合GB 50205的规定。

（2）结构表面。钢网架结构安装完成后，其节点及杆件表面应干净，不应有明显的疤痕、泥沙和污垢。螺栓球节点应将所有接缝用油腻子填嵌严密，并应将多余螺孔封口。

（3）钢网架结构安装完成后，其安装的允许偏差应符合GB 50205的规定。

（4）螺栓球节点网架总拼完成后，高强度螺栓与球节点应紧固连接，高强度螺栓拧入螺栓球内的螺纹长度不应于小$1.0d$（d为螺栓直径），连接处不应出现有间隙、松动等未拧紧情况。

3. 钢结构（网架结构安装）分项工程检验批质量验收应按表6-13进行记录。

表 6-13　钢结构（网架结构安装）分项工程检验批质量验收记录

工程名称				检验批部位	
施工单位				项目经理	
监理单位				总监理工程师	
施工依据标准				分包单位负责人	
主控项目		合格质量标准（按本规范）	施工单位检验评定记录或结果	监理（建设）单位验收记录或结果	备注
1	焊接球	第 4.5.1 条、第 4.5.2 条			
2	螺栓球	第 4.6.1 条、第 4.6.2 条			
3	封板、锥头、套筒	第 4.7.1 条、第 4.7.2 条			
4	橡胶垫	第 4.10.1 条			
5	基础验收	第 12.2.1 条、第 12.2.2 条			
6	支座	第 12.2.3 条、第 12.2.4 条			
7	拼装精度	第 12.3.1 条、第 12.3.2 条			
8	节点承载力试验	第 12.3.3 条			
9	结构挠度	第 12.3.4 条			
一般项目		合格质量标准（按本规范）	施工单位检验评定记录或结果	监理（建设）单位验收记录或结果	备注
1	焊接球精度	第 4.5.3 条、第 4.5.4 条			
2	螺栓球精度	第 4.6.4 条			
3	螺栓球螺纹精度	第 4.6.3 条			
4	锚栓精度	第 12.2.5 条			
5	结构表面	第 12.3.5 条			
6	安装精度	第 12.3.6 条			
施工单位检验评定结果		班 组 长： 或专业工长： 年　月　日		质 检 员： 或项目技术负责人： 年　月　日	
监理（建设）单位验收结论		监理工程师（建设单位项目技术人员）：　　年　月　日			

7 压型板工程质量控制

7.1 质量验收标准

1. 主控项目

压型金属板工程施工质量验收主控项目标准，见表7-1。

表7-1 压型金属板工程质量控制要点（GB 50205—2001）

项目	项次	项目内容	规范条文	验收要求	检验方法	检查数量
主控项目	1	压型金属板及其原材料	第4.8.1条	金属压型板及制造金属压型板所采用的原材料，其品种、规格、性能等应符合现行国家产品标准和设计要求	检查产品的质量合格证明文件、中文标志及检验报告	全数检查
			第4.8.2条	压型金属泛水板、包角板和零配件的品种、规格以及防水密封材料的性能应符合现行国家产品标准和设计要求	检查产品的质量合格证明文件、中文标志及检验报告	全数检查
	2	基板裂纹、涂层缺陷	第13.2.1条	压型金属板成型后，其基板不应有裂纹	观察和用10倍放大镜检查	按计件数抽查5%，且不应少于10件
			第13.2.2条	有涂层、镀层压型金属板成型后，涂、镀层不应有肉眼可见的裂纹、剥落和擦痕等缺陷	观察检查	按计件数抽查5%，且不应少于10件
	3	现场安装	第13.3.1条	压型金属板、泛水板和包角板等应固定可靠、牢固，防腐涂料涂刷和密封材料敷设应完好，连接件数量、间距应符合设计要求和国家现行有关标准规定	观察检查及尺量	全数检查

续表

项目	项次	项目内容	规范条文	验收要求	检验方法	检查数量
主控项目	4	搭接	第13.3.2条	压型金属板应在支承构件上可靠搭接，搭接长度应符合设计要求，且不应小于GB 50205所规定的数值	观察和用钢尺检查	按搭接部位总长度抽查10%，且不应少于10m
	5	端部锚固	第13.3.3条	组合楼板中压型钢板与主体结构（梁）的锚固支承长度应符合设计要求，且不应小于50mm，端部锚固件连接应可靠，设置位置应符合设计要求	观察和用钢尺检查	沿连接纵向长度抽查10%，且不应少于10m

2. 一般项目

压型金属板工程施工质量验收一般项目标准见表7-2。

表7-2　一般项目内容及验收要求

项目	项次	项目内容	规范条文	验收要求	检验方法	检查数量
一般项目	1	压型金属板精度	第4.8.3条	压型金属板的规格尺寸及允许偏差、表面质量、涂层质量等应符合设计要求和GB 50205的规定	观察和用10倍放大镜检查及尺量	每种规格抽查5%，且不应少于3件
	2	轧制精度	第13.2.3条	压型金属板的尺寸允许偏差应符合GB 50205的规定	用拉线和钢尺检查	按计件数抽查5%，且不应少于10件
			第13.2.5条	压型金属板施工现场制作的允许偏差应符合GB 50205的规定	用钢尺、角尺检查	按计件数抽查5%，且不应少于10件
	3	表面质量	第13.2.4条	压型金属板成型后，表面应干净，不应有明显皱褶	观察检查	按计件数抽查5%，且不应少于5件
	4	安装质量	第13.3.4条	压型金属板安装应平整、顺直，板面不应有施工残留物和污物。檐口和墙面下端应呈直线，不应有未经处理的错钻孔洞	观察检查	按面积抽查10%，且不应少于10m
	5	安装精度	第13.3.5条	压型金属板安装的允许偏差应符合GB 50205的规定	用拉线、吊线和钢尺检查	檐口与屋脊的平行度：按长度抽查10%，且不应少于10m，其他项目：每20m长度应抽查1处，不应少于2处

7.2 质量验收文件

（1）材料出厂合格证和检验报告。
（2）技术复核记录。
（3）有关观感质量检查记录。
（4）钢结构（压型金属板）分项工程检验批质量验收记录。

7.3 质量验收记录表

表 7-3 压型金属板工程检验批质量验收记录表（GB 50205—2001）

<table>
<tr><td colspan="3">单位（子单位）工程名称</td><td colspan="4"></td></tr>
<tr><td colspan="3">分部（子分部）工程名称</td><td colspan="2"></td><td>验收部位</td><td></td></tr>
<tr><td colspan="2">施工单位</td><td colspan="3"></td><td>项目经理</td><td></td></tr>
<tr><td colspan="2">分包单位</td><td colspan="3"></td><td>分包项目经理</td><td></td></tr>
<tr><td colspan="3">施工执行标准名称及编号</td><td colspan="4"></td></tr>
<tr><td colspan="4">施工质量验收规范的规定</td><td colspan="2">施工单位检查评定记录</td><td>监理（建设）单位验收记录</td></tr>
<tr><td rowspan="5">主控项目</td><td>1</td><td>压型金属板及其原材料</td><td>第 4.8.1 条
第 4.8.2 条</td><td colspan="2"></td><td rowspan="5"></td></tr>
<tr><td>2</td><td>基板裂纹、涂层缺陷</td><td>第 13.2.1 条
第 13.2.2 条</td><td colspan="2"></td></tr>
<tr><td>3</td><td>现场安装</td><td>第 13.3.1 条</td><td colspan="2"></td></tr>
<tr><td>4</td><td>搭接</td><td>第 13.3.2 条</td><td colspan="2"></td></tr>
<tr><td>5</td><td>端部锚固</td><td>第 13.3.3 条</td><td colspan="2"></td></tr>
<tr><td rowspan="5">一般项目</td><td>1</td><td>压型金属板精度</td><td>第 4.8.3 条</td><td colspan="2"></td><td rowspan="5"></td></tr>
<tr><td>2</td><td>轧制精度</td><td>第 13.2.3 条
第 13.2.5 条</td><td colspan="2"></td></tr>
<tr><td>3</td><td>表面质量</td><td>第 13.2.4 条</td><td colspan="2"></td></tr>
<tr><td>4</td><td>安装质量</td><td>第 13.3.4 条</td><td colspan="2"></td></tr>
<tr><td>5</td><td>安装精度</td><td>第 13.3.5 条</td><td colspan="2"></td></tr>
<tr><td colspan="3" rowspan="2">施工单位检查评定结果</td><td>专业工长（施工员）</td><td></td><td>施工班组长</td><td></td></tr>
<tr><td colspan="4">项目专业质量检查员：　　年　月　日</td></tr>
<tr><td colspan="3">监理（建设）单位验收结论</td><td colspan="4">专业监理工程师：
（建设单位项目专业技术负责人）：　　年　月　日</td></tr>
</table>

表 7-3 填写说明

1. 主控项目

（1）压型金属板及其材质。金属压型板及制造所采用原材料品种、规格、性能符合产品标准和设计要求。压型金属泛水板、包角板和零配件的品种、规格以及防水密封材料的性能符合产品标准和设计要求。

（2）基板裂纹。压型金属板成型后，其基板不应有裂纹。有涂层、镀层压型金属板成型后，涂、镀层不应有肉眼可见的裂纹、剥落和擦痕等。

（3）压型金属板、泛水板和包角板等固定可靠、牢固，防腐涂料涂刷和密封材料敷设应完好，连接件数量、间距应符合设计要求和有关标准规定。

（4）搭接压型金属板应在支承构件上可靠搭接，搭接长度应符合设计要求，截面高度 >70mm，搭接长度为 375mm；截面高度 ≤70mm，屋面坡度 < 1/10，搭接长度为 250mm；屋面坡度 ≥1/10，搭接长度为 200mm；墙面搭接长度为 120mm。

（5）端部锚固。组合楼板中压型钢板与主体结构（梁）的锚固支承长度应符合设计要求，且不应小于 50mm，端部锚固件连接应可靠，设置位置应符合设计要求。可采用观察和尺量检查。

2. 一般项目

（1）压型金属板的规格和尺寸及允许偏差、表面质量、涂层质量，符合设计要求和 GB 50205 的规定。

（2）压型金属板的尺寸允许偏差应符合 GB 50205 的规定。

（3）压型金属板成型后，表面应干净，不应有明显凹凸和皱褶。

（4）压型金属板安装应平整、顺直，板面不应有施工残留物和污物。檐口和墙面下端应呈直线，不应有未经处理的错钻孔洞。

（5）压型金属板安装的允许偏差应符合 GB 50205 的规定。

8　钢结构涂装工程施工质量控制

8.1　质量控制标准

1. 主控项目

钢结构涂装工程质量验收主控项目标准见表8-1。

表8-1　主控项目内容及验收要求

项目	项次	项目内容	规范条文	验收要求	检验方法	检查数量
防腐涂料	1	产品进场	第4.9.1条	钢结构防腐涂料、稀释剂和固化剂等材料的品种、规格、性能等应符合现行国家产品标准和设计要求	检查产品的质量合格证明文件、中文标志及检验报告等	全数检查
	2	表面处理	第14.2.1条	涂装前钢材表面除锈应符合设计要求和国家现行有关标准的规定。处理后的钢材表面不应有焊渣、焊疤、灰尘、油污、水和毛刺等，当设计无要求时，钢材表面除锈等级应符合GB 50205的规定	用铲刀检查和用现行国家标准《涂装前钢材表面锈蚀等级和除锈等级》（GB 8923.1）规定的图片对照观察检查	按构件数抽查10%，且同类构件不应少于3件
	3	涂层厚度	第14.2.2条	涂料、涂装遍数、涂层厚度均应符合设计要求。当设计对涂层厚度无要求时，涂层干漆膜总厚度：室外应为150μm，室内应为125μm，其允许偏差为－25μm。每遍涂层干漆膜厚度的允许偏差为－5μm	用干漆膜测厚仪检查。每个构件检测5处，每处的数值为3个相距50mm测点涂层干漆膜厚度的平均值	按构件数抽查10%，且同类构件不应少于3件

续表

项目	项次	项目内容	规范条文	验收要求	检验方法	检查数量
防火涂料	1	涂料性能	第4.9.2条	钢结构防火涂料的品种和技术性能应符合设计要求，并应经过具有资质的检测机构检测符合国家现行有关标准的规定	检查产品的质量合格证明文件、中文标志及检验报告等	全数检查
	2	涂装基层验收	第14.3.1条	防火涂料涂装前钢材表面除锈及防锈底漆涂装应符合设计要求和国家现行有关标准的规定	表面除锈用铲刀检查和用现行国家标准《涂装前钢材表面锈蚀等级和除锈等级》(GB/T 8923.1)规定的图片对照观察检查。底漆涂装用干漆膜测厚仪检查，每个构件检测5处，每处的数值为3个相距50mm测点涂层干漆膜厚度的平均值	按构件数抽查10%，且同类构件不应少于3件
	3	强度试验	第14.3.2条	钢结构防火涂料的粘结强度、抗压强度应符合国家现行标准《钢结构防火涂料应用技术规程》(CECS 24：90)的规定。检验方法应符合现行国家标准《建筑构件耐火试验方法》(GB/T 9978)的规定	检查复检报告	每使用100t或不足100t薄涂型防火涂料应抽检一次粘结强度；每使用500t或不足500t厚涂型防火涂料应抽检一次粘结强度和抗压强度
	4	涂层厚度	第14.3.3条	薄涂料型防火涂料的涂层厚度应符合有关耐火极限的设计要求。厚涂型防火涂料涂层的厚度，80%及以上面积应符合有关耐火极限的设计要求，且最薄处厚度不应低于设计要求的85%	用涂层厚度测量仪、测针和钢尺检查。测量方法应符合国家现行标准《钢结构防火涂料应用技术规程》的规定及规范GB 50205—2001附录F的相关的规定	按同类构件数抽10%，且均不应少于3件
	5	表面裂纹	第14.3.4条	薄涂型防火涂料涂层表面裂纹宽度不应大于0.5mm；厚涂型防火涂料涂层表面裂纹宽度不应大于1mm	观察检查	按同类构件数抽查10%，且均不应少于3件

2. 一般项目

钢结构涂装工程质量验收一般项目标准见表 8-2。

表 8-2 一般项目内容及验收要求

项目	项次	项目内容	规范条文	验收要求	检验方法	检查数量
防腐涂料	1	涂料进场质量	第 4.9.3 条	防腐涂料和防火涂料的型号、名称、颜色及有效期应与其质量证明文件相符。开启后，不应存在结皮、结块、凝胶等现象	观察检查	按桶数抽查 5%，且不应少于 3 桶
	2	表面质量	第 14.2.3 条	构件表面不应误涂、漏涂，涂层不应脱皮和返锈等。涂层应均匀，无明显皱皮、流坠、针眼和气泡等	观察检查	全数检查
	3	附着力测试	第 14.2.4 条	当钢结构处在有腐蚀介质环境或外露且设计有要求时，应进行涂层附着力测试，在检测处范围内，当涂层完整程度达到 70% 以上时，涂层附着力达到合格质量标准的要求	按照现行国家标准《漆膜附着力测定法》（GB 1720）或《色漆和清漆、漆膜的划格试验》（GB 9286）执行	按构件数抽查 1%，且不应少于 3 件，每件测 3 处
	4	标志	第 14.2.5 条	涂装完成后，构件和标志、标记和编号应清晰完整	观察检查	全数检查
防火涂料	1	产品质量	第 4.9.3 条	防腐涂料和防火涂料的名称、颜色及有效期应与其质量证明文件相符。开启后，不应存在的结皮、结块、凝胶等现象	观察检查	按桶数抽查 5%，且不应少于 3 桶
	2	基层表面	第 14.3.5 条	防火涂料涂装基层不应有油污、灰尘和泥沙等污垢	观察检查	全数检查
	3	涂层表面质量	第 14.3.6 条	防火涂料不应有误涂、漏涂，涂层应闭合无脱层、空鼓、明显凹陷、粉化松散和浮浆等外观缺陷，乳突已剔除。	观察检查	全数检查

8.2 质量验收文件

8.2.1 防腐涂装

（1）防腐涂料出厂合格证或复验报告。

（2）涂装施工检查记录。

（3）有关观察质量检验项目检查记录。

（4）钢结构防腐涂装分项工程检验批质量验收记录。

8.2.2 防火涂装

（1）材料出厂合格证或复验报告。

（2）防火涂料产品生产许可证。

（3）防火涂料施工检查记录。

（4）观感检验项目检查记录。

（5）钢结构防火涂料涂装分项工程检验批质量验收记录。

8.3 质量控制记录表

表 8-3 防腐涂料涂装工程检验批质量验收记录表（GB 50205—2001）

<table>
<tr><td colspan="3">单位（子单位）工程名称</td><td colspan="3"></td></tr>
<tr><td colspan="3">分部（子分部）工程名称</td><td></td><td>验收部位</td><td></td></tr>
<tr><td>施工单位</td><td colspan="3"></td><td>项目经理</td><td></td></tr>
<tr><td>分包单位</td><td colspan="3"></td><td>分包项目经理</td><td></td></tr>
<tr><td colspan="3">施工执行标准名称及编号</td><td colspan="3"></td></tr>
<tr><td colspan="4">施工质量验收规范的规定</td><td>施工单位检查评定记录</td><td>监理（建设）单位验收记录</td></tr>
<tr><td rowspan="3">主控项目</td><td>1</td><td>产品进场</td><td>第 4.9.1 条</td><td></td><td rowspan="3"></td></tr>
<tr><td>2</td><td>表面处理</td><td>第 14.2.1 条</td><td></td></tr>
<tr><td>3</td><td>涂层厚度</td><td>第 14.2.2 条</td><td></td></tr>
<tr><td rowspan="4">一般项目</td><td>1</td><td>产品进场</td><td>第 4.9.3 条</td><td></td><td rowspan="4"></td></tr>
<tr><td>2</td><td>表面质量</td><td>第 14.2.3 条</td><td></td></tr>
<tr><td>3</td><td>附着力测试</td><td>第 14.2.4 条</td><td></td></tr>
<tr><td>4</td><td>标志</td><td>第 14.2.5 条</td><td></td></tr>
<tr><td colspan="3" rowspan="2">施工单位检查评定结果</td><td>专业工长（施工员）</td><td>施工班组长</td><td></td></tr>
<tr><td colspan="3">项目专业质量检查员：　　年　月　日</td></tr>
<tr><td colspan="3">监理（建设）单位验收结论</td><td colspan="3">专业监理工程师：
（建设单位项目专业技术负责人）：　　年　月　日</td></tr>
</table>

表 8-3 填写说明

1. 主控项目

（1）钢结构防腐涂料、稀释料和固化剂的品种、规格、性能符合产品标准和设计要求。

（2）涂装基层。涂装前钢材表面除锈应符合设计要求和有关标准的规定。处理后的钢材表面不应有焊渣、焊疤、灰尘、油污、水和毛刺等。当设计无要求时，钢材表面除锈等级应符合 GB 50205 的规定。

（3）涂层厚度。涂料、涂装遍数、涂层厚度均应符合设计要求。当设计对涂层厚度无要求时，涂层干漆膜总厚度：室外应为 150μm，室内应为 125μm，其允许偏差为 -25μm。每遍涂层干漆膜厚度的允许偏差为 -5μm。

2. 一般项目

（1）防腐涂料和防火涂料的型号、名称、颜色及有效期与其质量证明文件相符。开启后，不应存在结皮、结块、凝胶等现象。

（2）构件表面不应误涂、漏涂，涂层不应脱皮和返锈等。涂层应均匀、无明显皱皮、流坠、针眼和气泡等。

（3）当钢结构处在有腐蚀介质环境或外露且设计有要求时，应进行涂层附着力测试，在检测处范围内，当涂层完整程度达到 70% 以上时，涂层附着力达到合格质量标准的要求。

（4）涂装完成后，构件的标志、标记和编号应清晰完整。

表 8-4 防火涂料涂装工程检验批质量验收记录表（GB 50205—2001）

<table>
<tr><td colspan="3">单位（子单位）工程名称</td><td colspan="3"></td></tr>
<tr><td colspan="3">分部（子分部）工程名称</td><td colspan="2"></td><td>验收部位</td></tr>
<tr><td colspan="2">施工单位</td><td colspan="3"></td><td>项目经理</td></tr>
<tr><td colspan="2">分包单位</td><td colspan="2"></td><td>分包项目经理</td><td></td></tr>
<tr><td colspan="3">施工执行标准名称及编号</td><td colspan="3"></td></tr>
<tr><td colspan="4">施工质量验收规范的规定</td><td>施工单位检查评定记录</td><td>监理（建设）单位验收记录</td></tr>
<tr><td rowspan="5">主控项目</td><td>1</td><td>产品进场</td><td>第 4.9.2 条</td><td></td><td rowspan="5"></td></tr>
<tr><td>2</td><td>涂装基层验收</td><td>第 14.3.1 条</td><td></td></tr>
<tr><td>3</td><td>强度试验</td><td>第 14.3.2 条</td><td></td></tr>
<tr><td>4</td><td>涂层厚度</td><td>第 14.3.3 条</td><td></td></tr>
<tr><td>5</td><td>表面裂纹</td><td>第 14.3.4 条</td><td></td></tr>
<tr><td rowspan="3">一般项目</td><td>1</td><td>产品质量</td><td>第 4.9.3 条</td><td></td><td rowspan="3"></td></tr>
<tr><td>2</td><td>基层表面</td><td>第 14.3.5 条</td><td></td></tr>
<tr><td>3</td><td>涂层表面质量</td><td>第 14.3.6 条</td><td></td></tr>
<tr><td colspan="3" rowspan="2">施工单位检查评定结果</td><td>专业工长（施工员）</td><td>施工班组长</td><td></td></tr>
<tr><td colspan="3">项目专业质量检查员：　　年　月　日</td></tr>
<tr><td colspan="3">监理（建设）单位验收结论</td><td colspan="3">专业监理工程师：
（建设单位项目专业技术负责人）：　　年　月　日</td></tr>
</table>

表 8-4 填写说明

1. 主控项目

（1）钢结构防火涂料的品种和技术性能符合设计要求，并经检测符合规定。

（2）防火涂料涂装前钢材表面除锈及防锈底漆涂装应符合设计要求和有关标准的规定。表面除锈用铲刀检查和用现行《涂装前钢材表面锈蚀等级和除锈等级》(GB 8923.1）规定的图片对照观察检查。

（3）钢结构防火涂料的粘结强度、抗压强度应符合《钢结构防火涂料应用技术规程》(CECS 24：90）的规定。检验方法应符合现行《建筑构件耐火试验方法》(GB/T 9978）的规定。

（4）薄涂型防火涂料的涂层厚度应符合有关耐火极限的设计要求。厚涂型防火涂料涂层的厚度，80% 及以上面积应符合有关耐火极限的设计要求，且最薄处厚度不应低于设计要求的 85%。

（5）薄涂型防火涂料涂层表面裂纹宽度不应大于 0.5mm；厚涂型防火涂料涂层表面裂纹宽度不应大于 1mm。

2. 一般项目

（1）防火涂料的型号、名称、颜色及有效期等与其质量证明文件相符，开启后不存在结皮、结块、凝胶等现象。

（2）防火涂料涂装基层不应有油污、灰尘和泥沙等污垢。

（3）防火涂料不应有误涂、漏涂，涂层应闭合无脱层、无空鼓、明显凹陷、粉化松散和浮浆等外观缺陷，乳突已剔除。

9 钢结构分部工程质量控制

建筑物一般分为地基与基础、主体结构、建筑装饰与装修和建筑屋面四个部分。有些建筑既包括混凝土工程也包括钢结构工程，对于此类项目的钢结构分部工程的质量也应按照钢结构工程的相关标准进行质量监控。

9.1 检验批的划分

分项工程可由一个或若干检验批组成，检验批可根据施工及质量控制和专业验收需要按楼层、施工段、变形缝等进行划分。

所谓检验批就是“按同一生产条件或按规定的方式汇总起来供检验用的，由一定数量样本组成的检验体”。分项工程划分成检验批进行验收有助于及时纠正施工中出现的质量问题，确保工程质量，也符合施工实际需要。多层及高层建筑工程中主体分部的分项工程可按楼层或施工段来划分检验批，单层建筑工程中的分项工程可按变形缝等划分检验批；地基基础分部工程中的分项工程一般划分为一个检验批，有地下层的基础工程可按不同地下层划分检验批；屋面分部工程中的分项工程不同楼层屋面可划分为不同的检验批，其他分部工程中的分项工程，一般按楼层划分检验批；对于工程量较少的分项工程可统一划为一个检验批。安装工程一般按一个设计系统或设备组别划分为一个检验批。室外工程统一划分为一个检验批。散水、台阶、明沟等含在地面检验批中。

对于地基基础中的土石方、基坑支护子分部工程及混凝土工程的模板工程，虽不构成建筑工程实体，但它是建筑工程施工不可缺少的重要环节和必要条件，其施工质量如何，不仅关系到能否施工和施工安全，也关系到建筑工程的质量，因此将其列入施工验收内容是应该的。

9.2 建筑工程质量验收

本节主要阐述建筑工程检验批、分项工程、分部（子分部）工程的验收。

9.2.1 建筑工程质量验收要求

建筑工程施工质量应按下列要求进行验收:

(1) 建筑工程施工质量应符合《建筑工程施工质量验收统一标准》(GB 50300—2013) 和相关专业验收规程的规定。

(2) 建筑工程施工应符合工程勘察、设计文件的要求。

(3) 参加工程施工质量验收的各方人员应具备规定的资格。

(4) 工程质量的验收均应在施工单位自行检查评定的基础上进行。

(5) 隐蔽工程在隐蔽前应由施工单位通知有关单位进行检验, 并应形成验收文件。

(6) 涉及结构安全的试块、部件以及有关材料, 应按规定进行见证取样检测。

(7) 检验批的质量应按主控项目和一般项目验收。

(8) 对涉及结构安全和使用功能的重要分部工程应进行抽样检测。

(9) 承担见证取样检测及有关结构安全检测的单位应具有相应的资质。

(10) 工程的观感质量应由验收人员通过现场检查, 并应共同确认。

9.2.2 检验批质量合格条件

检验批合格质量应符合下列规定:

(1) 主控项目和一般项目的质量经抽样检验合格。

(2) 具有完整的施工操作依据、质量检查记录。

检验批是工程验收的最小单位, 是分项工程乃至整个建筑工程质量检验的基础。检验批是施工过程中条件相同并有一定数量的材料、构配件或安装项目, 其质量基本均匀一致, 因此可以作为检验的基础单位, 并按批验收。

9.2.2.1 主控项目和一般项目的质量经抽样检查合格

1. 主控项目

(1) 主控项目验收内容

1) 建筑材料、构配件及建筑设备的技术性能与进场复验要求。如水泥、钢材质量; 预制楼板、墙板、门窗等构配件的质量, 风机等设备的质量等。

2) 涉及结构安全、使用功能的检测项目。如混凝土、砂浆的强度, 钢结构的焊缝强度, 管道的压力试验, 风管的系统测定与调整, 电气的绝缘、接地测试, 电梯的安全保护、试运转结构等。

3）一些重要的允许偏差项目，必须控制在允许偏差限值之内。

（2）主控项目验收要求

主控项目的条文是必须达到的要求，是保证工程安全和使用功能的重要检验项目，是对安全、卫生、环境保护和公众利益起决定性作用的检验项目，是确定该检验批主要性能的。主控项目中所有子项必须符合各专业验收规范规定的质量指标，方能判定该主控项目质量合格。反之，只要其中某一子项甚至某一抽查样本检验后达不到要求，即可判定该检验批质量为不合格，则该检验批拒收。换言之，主控项目中某一子项甚至某一抽查样本的检查结果若为不合格时，即行使对检查批质量的否决权。

2. 一般项目

（1）一般项目验收内容

一般项目是指除主控项目以外，对检验批质量有影响的检验项目，当其中缺陷（指超过规定质量指标的缺陷）的数量超过规定的比例，或样本的缺陷程度超过规定的限度后，对检验批质量会产生影响；其包括的主要内容有：

1）允许有一定偏差的项目，放在一般项目中，用数据规定的标准，可以有允许偏差范围，并有不到20%的检查点可以超过允许偏差值，但也不能超过允许值的150%。

2）对不能确定偏差值而又允许出现一定缺陷的项目，则以缺陷的数量来区分。

3）其他一些无法定量的而采用定性的项目。如碎拼大理石地面颜色协调，无明显裂缝和坑洼等。

（2）一般项目验收要求

一般项目也是应该达到检验要求的项目，只不过对少数条文在不影响工程安全和使用功能可以适当放宽一些，有些条文虽不像主控项目那样重要，但对工程安全、使用功能，产品的美观都是有较大影响的。一般项目的合格判定条件：抽查样本的80%及以上（个别项目为90%以上，如混凝土规范中梁、板构件上部纵向受力钢筋保护层厚度等）符合各专业验收规范规定的质量指标，其余样本的缺陷通常不超过规定允许偏差值的1.5倍（个别规范规定为1.2倍，如钢结构验收规范等）。具体应根据各专业检验规范的规定执行。

检验批的合格质量主要取决于对主控项目和一般项目的检验结果。主控项目是对检验批的基本质量起决定性影响的检验项目，因此必须全部符合有关专业工程验收规范的规定。这意味着主控项目不允许有不符合要求的检验结果，即这种项目的检查具有否决权。鉴于主控项目对基本质量的决定性影响，从严要求是必需的。

9.2.2.2　具有完整的施工保护依据和质量检验记录

检验批合格质量的要求，除主控项目和一般项目的质量经抽样检验符合要求外，其施工操作依据的技术标准应符合设计、验收规范的要求。采用企业标准的不能低于国家、行业标准。质量控制资料反映了检验批从原材料到最终验收的各施工工序的操作依据，检验情况以及保证质量所必需的管理制度等。对其完整性的检验，实际是对过程控制的确认，这是检验批合格的前提。

只有上述两项均符合要求，该检验批质量方能判定合格。若其中一项不符合要求，该检验批质量则不得判定为合格。

有关质量检查的内容、数据、评定，由施工单位项目专业质量检查员填写，检验批验收记录及结构情况由监理单位监理工程师填写完整。

根据《建筑工程施工质量验收统一标准》(GB 50300—2001) 的规定，检验批质量验收记录应按表 9-1 的格式填写。

表 9-1　检验批质量验收记录

<table>
<tr><td colspan="2">工程名称</td><td></td><td>分项工程名称</td><td></td><td>验收部位</td><td></td></tr>
<tr><td colspan="2">施工单位</td><td colspan="2"></td><td>专业工长</td><td>项目经理</td><td></td></tr>
<tr><td colspan="2">施工执行标准名称及编号</td><td colspan="5"></td></tr>
<tr><td colspan="2">分包单位</td><td></td><td>分包项目经理</td><td></td><td>施工班组长</td><td></td></tr>
<tr><td></td><td colspan="2">质量验收规范的规定</td><td colspan="2">施工单位检查评定记录</td><td colspan="2">监理（建设）单位验收记录</td></tr>
<tr><td rowspan="6">主控项目</td><td>1</td><td></td><td colspan="2"></td><td colspan="2" rowspan="6"></td></tr>
<tr><td>2</td><td></td><td colspan="2"></td></tr>
<tr><td>3</td><td></td><td colspan="2"></td></tr>
<tr><td>4</td><td></td><td colspan="2"></td></tr>
<tr><td>5</td><td></td><td colspan="2"></td></tr>
<tr><td>6</td><td></td><td colspan="2"></td></tr>
<tr><td rowspan="4">一般项目</td><td>1</td><td></td><td colspan="2"></td><td colspan="2" rowspan="4"></td></tr>
<tr><td>2</td><td></td><td colspan="2"></td></tr>
<tr><td>3</td><td></td><td colspan="2"></td></tr>
<tr><td>4</td><td></td><td colspan="2"></td></tr>
<tr><td colspan="3">施工单位检查评定结果</td><td colspan="4">项目专业质量检查员：　　年　月　日</td></tr>
<tr><td colspan="3">监理（建设）单位验收结论</td><td colspan="4">专业监理工程师：
(建设单位项目专业技术负责人)　　年　月　日</td></tr>
</table>

9.2.3 分项工程质量合格条件

1. 分项工程质量合格要求

分项工程质量验收合格应符合下列规定：

（1）分项工程所含的检验批均应符合合格质量的规定。

（2）分项工程所含的检验批的质量验收记录应完整。

分项工程的验收在检验批的基础上进行。一般情况下，两者具有相同或相近的性质，只是批量的大小不同而已。因此，将有关的检验批汇集构成分项工程。分项工程合格质量的条件比较简单，只要构成分项工程的各检验批的验收资料文件完整，并且均已验收合格，则分项工程验收合格。

2. 分项工程质量验收要求

分项工程是由所含性质、内容一样的检验批汇集而成的，是在检验批的基础上进行验收的，实际上分项工程质量验收是一个汇总统计的过程，并无新的内容和要求。因此，在分项工程质量验收时应注意：

（1）核对检验批的部位、区段是否全部覆盖分项工程的范围，有没有缺漏的部位没有验收到。

（2）一些在检验批中无法检验的项目，在分项工程中直接验收。如砖砌体工程中的全高垂直度、砂浆强度的评定等。

（3）检验批验收记录的内容及签字人是否正确、齐全。

3. 分项工程质量验收记录

根据《建筑工程施工质量验收统一标准》(GB 50300—2013）的要求，分项工程质量应由监理工程师（建设单位项目专业技术负责人）组织项目专业技术负责人等进行验收，并按表9-2记录。

表9-2 ________分项工程质量验收记录

<table>
<tr><td>工程名称</td><td></td><td>结构类型</td><td></td><td>检验批数</td><td></td></tr>
<tr><td>施工单位</td><td></td><td>项目经理</td><td></td><td>项目技术负责人</td><td></td></tr>
<tr><td>分包单位</td><td></td><td>分包单位负责人</td><td></td><td>分包项目经理</td><td></td></tr>
<tr><td>序号</td><td colspan="2">检验批部位、区段</td><td>施工单位检查评定结果</td><td colspan="2">监理（建设）单位验收结论</td></tr>
<tr><td>1</td><td colspan="2"></td><td></td><td colspan="2"></td></tr>
<tr><td>2</td><td colspan="2"></td><td></td><td colspan="2"></td></tr>
<tr><td>3</td><td colspan="2"></td><td></td><td colspan="2"></td></tr>
<tr><td>4</td><td colspan="2"></td><td></td><td colspan="2"></td></tr>
<tr><td>5</td><td colspan="2"></td><td></td><td colspan="2"></td></tr>
<tr><td>检查结论</td><td colspan="2">项目专业
技术负责人：
年 月 日</td><td>验收结论</td><td colspan="2">监理工程师
（建设单位项目专业技术负责人）
年 月 日</td></tr>
</table>

9.2.4 分部（子分部）工程质量合格条件

分部（子分部）工程质量验收合格应符合下列规定：

（1）分部（子分部）工程所含分项工程的质量均应验收合格。

（2）质量控制资料应完整。

（3）地基与基础、主体结构和设备安装等分部工程有关安全及功能的检验和抽样检测结果应符合有关规定。

（4）观感质量验收应符合要求。

分部工程的验收在其所含各分项工程验收的基础上进行。首先，分部工程的各分项工程必须已验收合格且相应的质量控制资料文件必须完善，这是验收的基本条件。此外，由于各分项工程的性质不尽相同，作为分部工程不能简单地组合而加以验收，尚须增加以下两类检查项目。

涉及安全和使用功能的地基基础、主体结构、有关安全及重要使用功能的安装分部工程应进行有关见证取样送样试验或抽样检测。关于观感质量验收，这类检查往往难以定量，只能以观察、触摸或简单量测的方式进行，并由各个人的主观印象判断，对于“差”的检查点应通过返修处理等补救。

（一）分部（子分部）工程所含分项工程的质量均应验收合格

在工程实际验收中，这项内容也是项统计工作，在做这项工作时应注意以下三点：

1. 要求分部（子分部）工程所含各分项工程施工均已完成；核查每个分项工程验收是否正确。

2. 注意查对所含分项工程归纳整理有无漏缺，各分项工程划分是否正确，有无分项工程没有进行验收。

3. 注意检查各分项工程是否均按规定通过了合格质量验收；分项工程的资料是否完整，每个验收资料的内容是否有缺漏项，填写是否正确；以及分项验收人员的签字是否齐全等。

（二）质量控制资料应完整

质量控制资料完善是工程质量合格的重要条件，在分部工程质量验收时，应根据各专业工程质量验收规范的规定，对质量控制资料进行系统地检查，着重检查资料的齐全，项目的完整，内容的准确和签署的规范。

质量控制资料检查实际也是统计、归纳工作，主要包括三个方面资料：

1. 核查归纳各检验批的验收记录资料，查对其是否完整。

有些龄期要求较长的检测资料，在分项工程验收时，尚不能及时提供，应在分部（子分部）工程验收时进行补查。

2. 检验批验收时，要求检验批资料准确完整后，方能对其开展验收。

对在施工中质量不符合要求的检验批、分项工程按有关规定进行处理后的资料归档审核。

3. 注意核对各种资料的内容、数据及验收人员签字的规范性。

对于建筑材料的复验范围，各专业验收规范都作了具体规定，检验时按产品标准规定的组批规则、抽样数量、检验项目进行，但有的规范另有不同要求，这一点在质量控制资料核查时需引起注意。

（三）地基与基础，主体结构和设备安装等分部工程有关安全及功能的检验和抽样检测结果应符合有关规定

这项验收内容，包括安全检测资料与功能检测资料两部分。有关对涉及结构安全及使用功能检验（检测）的要求，应按设计文件及各专业工程质量验收规范中所作的具体规定执行。抽测其检测项目在各专业质量验收规范中已有明确规定，在验收时应注意以下三个方面的工作：

1. 检查各规范中规定的检测的项目是否都进行了测试，不能进行测试的项目应该说明原因。

2. 查阅各项检验报告（记录），核查有关抽样方案，测试内容，检测结果等是否符合有关标准规定。

3. 核查有关检测机构的资质，取样与送样见证人员资格，报告出具单位责任人的签署情况是否符合要求。

（四）观感质量验收应符合要求

观感质量验收系指在分部工程所含的分项工程完成后，在前三项检查的基础上，对已完工部分工程的质量，采用目测、触摸和简单量测等方法，所进行的一种宏观检查方式。分部（子分部）工程观感质量评价是这次验收规范修订新增加的，原因在于：其一，现在的工程体积越来越大，越来越复杂，待单位工程全部完工后再检查，有些项目看不见了，发现问题要返修的修不了；其二，竣工后一并检查，由于工程的专业多，检查人员不可能将各专业工程中的问题一一全都看出来，而且有些项目完工以后，各工种人员纷纷撤离，即使检查出问题来，返修起来耗时较长。

分部（子分部）工程观感质量验收，其检查的内容和质量指标已包含在各个分项工程内，对分部工程进行观感质量检查和验收，并不增加新的项目，

只不过是转换一个视角，采用一种更直观、便捷、快速的方法，对工程质量从外观上作一次重复的、扩大的、全面的检查，这是由建筑施工特点所决定的。在进行质量检查时，注意一定要在现场将工程的各个部位全部看到，能操作的应实地操作，观察其方便性、灵活性或有效性等；能打开观看的应打开观看，全面检查分部（子分部）工程的质量。

对分部（子分部）工程进行观感质量检查，有以下三方面作用：

1. 尽管分部（子分部）工程所包含的分项工程原来都经过检查与验收，但随着时间的推移，气候的变化，荷载的递增等，可能会出现质量变异情况，如材料收缩、结构裂缝、建筑物的渗漏、变形等；经过观感质量的检查后，能及时发现上述缺陷并进行处理，确保结构的安全和建筑的使用功能。

2. 弥补受抽样方案局限造成的检查数量不足，和后续施工部位（如施工洞、井架洞、脚手架洞等）原先检查不到的缺陷，扩大了检查面。

3. 通过对专业分包工程的质量验收和评价，分清了质量责任，可减少质量纠纷，既促进了专业分包队伍技术素质的提高，又增强了后续施工对产品的保护意识。

观感质量验收并不给出“合格”或“不合格”的结论，而是给出“好、一般或差”的总体评价，所谓“一般”，是指经观感质量检验能符合验收规范的要求；所谓“好”，是指在质量符合验收规范的基础上，能达到精致、流畅、匀净的要求，精度控制好；所谓“差”，是指勉强达到验收规范的要求，但质量不够稳定，离散性较大，给人以粗疏的印象。

观感质量验收中若发现有影响安全、功能的缺陷，有超过偏差限值，或明显影响观感效果的缺陷，不能评价，应处理后再进行验收。

评价时，施工企业应先自行检查合格后，由监理单位来验收，参加评价的人员应具有相应的资格，由总监理工程师组织，不少于三位监理工程师来检查，在听取其他参加人员的意见后，共同做出评价，但总监理工程师的意见应为主导意见。在做评价时，可分项目逐点评价，也可按项目进行大的方面综合评价，最后对分部（子分部）作出评价。

9.2.5 分部（子分部）工程质量验收程序和组织

为了方便工程的质量管理，根据工程特点，把工程划分为检验批、分项、分部（子分部）和单位（子单位）工程。工程质量的验收均应在施工单位自行检查评定的基础上，按施工的顺序进行：检验批→分项工程→分部（子分部）工程→单位（子单位）工程。

1. 检验批和分项工程验收

检验批及分项工程应由监理工程师（建设单位项目技术负责人）组织施工单位项目专业质量（技术）负责人等进行验收。

检验批和分项工程是建筑工程质量的基础，因此所有检验批和分项工程均应由监理工程师或建设单位项目技术负责人组织验收。验收前，施工单位先填好“检验批和分项工程的质量验收记录”（有关监理记录和结论不填），并由项目专业质量检验员和项目专业技术负责人分别在检验批和分项工程质量检验记录中相关栏目签字，然后由监理工程师组织，严格按规定程序进行验收。

（1）施工过程的每道工序，各个环节每个检验批的验收，首先应由施工单位的项目技术负责人组织自检评定，符合设计要求和规范后提交监理工程师或建设单位项目技术负责人进行验收。

（2）监理工程师拥有对每道施工工序的施工检查权，并根据检查结果决定是否允许进行下道工序的施工。对于达不到质量要求的检验批，有权并应要求施工单位停工整改、返工。

在对工程进行检查后，确认其工程质量符合标准规定，监理或建设单位人员要签字认可，否则不得进行下道工序的施工。如果认为有的项目或地方不能满足验收规范的要求时，应及时提出，让施工单位进行返修。

（3）所有分项工程施工，施工单位应在自检合格后，填写分项工程报检申请表，并附上分项工程评定表。属隐蔽工程的，还应将隐检单报监理单位，监理工程师必须组织施工单位的工程项目负责人和有关人员严格按每道工序进行检查验收，合格者签发分项工程验收单。

（4）检验批的质量检验，应根据检验项目的特点在下列抽样方案中进行选择：

①计量、计数或计量－计数等抽样方案。

②一次、二次或多次抽样方案。

③根据生产连续性和生产控制稳定性情况，采用调整型抽样方案。

④对重要的检验项目当可采用简易快速的检验方法时，可选用全数检验方案。

⑤经实践检验有效的抽样方案。

(5) 在制定检验批的抽样方案时，对生产方风险（或错判概率 α）和使用方风险（或漏判概率 β）可按下列规定采取：

①主控项目：对应于合格质量水平的 α 和 β 均不宜超过5%。

②一般项目：对应于合格质量水平的 α 不宜超过5%，β 不宜超过10%。

2. 分部（子分部）工程验收

分部（子分部）工程应由总监理工程师（建设单位项目负责人）组织施工单位项目负责人和技术、质量负责人等进行验收。

(1) 工程监理实行总监理工程师负责制，因此分部工程应由总监理工程师（建设单位项目负责人）组织施工单位的项目负责人和项目技术、质量负责人及有关人员进行验收。

(2) 地基与基础、主体结构分部工程的勘察、设计单位工程项目负责人和施工单位技术、质量部门负责人也应参加相关分部工程验收。因为地基基础、主体结构的主要技术资料和质量问题是归技术部门和质量部门掌握，所以规定施工单位的技术、质量部门负责人参加验收是符合实际的。

(3) 由于地基基础、主体结构技术性能要求严格，技术性强，关系到整个工程的安全，规定这些分部工程的勘察、设计单位工程项目负责人也应参加相关分部的工程质量验收。

(4) 至于一些有特殊要求的建筑设备安装工程，以及一些使用新技术、新结构的项目，应按设计和主管部门要求组织有关人员进行验收。

3. 检验批、分项、分部（子分部）工程验收程序关系

检验批、分项、分部（子分部）工程验收程序关系见表9-3。

表9-3 检验批、分项、分部（子分部）工程验收程序关系对照表

序号	验收表的名称	质量自检人员	质量检查评定人员		质量验收人员
			验收组织人	参加验收人员	
1	施工现场质量管理检查记录表	项目经理	项目经理	项目技术负责人 分包单位负责人	总监理工程师
2	检验批质量验收	班组长	项目专业质量检查员	分包项目技术负责人	监理工程师（建设单位项目专业技术负责人）
3	分项工程质量验收记录表	班组长	项目专业技术负责人	班组长项目技术负责人 分包项目技术负责人 项目专业质量检查员	监理工程师（建设单位项目专业技术负责人）

续表

序号	验收表的名称	质量自检人员	质量检查评定人员		质量验收人员
			验收组织人	参加验收人员	
4	分部、子分部工程质量验收记录表	项目经理 分包单位项目经理	项目经理	项目专业技术负责人 分包项目技术负责人 勘察、设计单位项目负责人 建设单位项目专业负责人	总监理工程师（建设单位项目负责人）

4. 工程质量验收意见分歧的解决

参加质量检验的各方对工程质量检验意见不一致时，可采取协商、调解、仲裁和诉讼四种方式解决。

（1）协商是指产品质量争议产生之后，争议的各方当事人本着解决问题的态度，互谅互让，争取当事人各方自行调解解决争议的一种方式。当事人通过这种方式解决纠纷既不伤和气，节省了大量的精力和时间，也免去了调解机构、仲裁机构和司法机关不必要的工作。因此，协商是解决产品质量争议的较好的方式。

（2）调解是指当事人各方在发生产品质量争议后经协商不成时，向有关的质量监督机构或建设行政主管部门提出申请，由这些机构在查清事实，分清是非的基础上，依照国家的法律、法规、规章等，说服争议各方，使各方能互相谅解，自愿达到协议，解决质量争议的方式。

（3）仲裁是指产品质量纠纷的争议各方在争议发生前或发生后达成协议，自愿将争议交给仲裁机构做出裁决，争议各方有义务执行的解决产品质量争议的一种方式。

（4）诉讼是指因产品质量发生争议时，在当事人与有关诉讼人的参加下，由人民法院依法审理纠纷案时所进行的一系列活动。它与其他民事诉讼一样，在安全的审理原则、诉讼程序及其他有关方面都要遵守《民事诉讼法》和其他法律、法规的规定。

上述四种解决方式，具体采用哪种方式来解决争议，法律并没有强制规定，当事人可根据具体情况自行选择。

5. 分部（子分部）工程验收记录

分部（子分部）工程质量验收应在施工单位检查评定的基础上进行，勘察、设计单位应在有关的分部工程验收表上签署验收意见，监理单位总监理工程师应填写验收意见，并给出“合格”或“不合格”的结论。

根据《建筑工程施工质量验收统一标准》(GB 50300—2013）的规定，有关分部（子分部）工程质量检验应按表9-4的要求填写。

表9-4　分部（子分项）工程质量验收记录

<table>
<tr><td colspan="2">工程名称</td><td></td><td>结构类型</td><td></td><td>层数</td><td></td></tr>
<tr><td colspan="2">施工单位</td><td></td><td>技术部门负责人</td><td></td><td>质量部门负责人</td><td></td></tr>
<tr><td colspan="2">分包单位</td><td></td><td>分包单位负责人</td><td></td><td>分包技术负责人</td><td></td></tr>
<tr><td>序号</td><td colspan="2">分项工程名称</td><td>检验批数</td><td>施工单位检查评定</td><td colspan="2">验收意见</td></tr>
<tr><td>1</td><td colspan="2"></td><td></td><td></td><td colspan="2"></td></tr>
<tr><td>2</td><td colspan="2"></td><td></td><td></td><td colspan="2"></td></tr>
<tr><td>3</td><td colspan="2"></td><td></td><td></td><td colspan="2"></td></tr>
<tr><td>4</td><td colspan="2"></td><td></td><td></td><td colspan="2"></td></tr>
<tr><td>5</td><td colspan="2"></td><td></td><td></td><td colspan="2"></td></tr>
<tr><td>6</td><td colspan="2"></td><td></td><td></td><td colspan="2"></td></tr>
<tr><td></td><td colspan="2"></td><td></td><td></td><td colspan="2"></td></tr>
<tr><td colspan="4">质量控制资料</td><td></td><td colspan="2"></td></tr>
<tr><td colspan="4">安全和功能检验（检测）报告</td><td></td><td colspan="2"></td></tr>
<tr><td colspan="4">观感质量验收</td><td colspan="3"></td></tr>
<tr><td rowspan="5">验收单位</td><td colspan="2">分包单位</td><td colspan="4">项目经理　　年　月　日</td></tr>
<tr><td colspan="2">施工单位</td><td colspan="4">项目经理　　年　月　日</td></tr>
<tr><td colspan="2">勘察单位</td><td colspan="4">项目负责人　　年　月　日</td></tr>
<tr><td colspan="2">设计单位</td><td colspan="4">项目负责人　　年　月　日</td></tr>
<tr><td colspan="2">监理（建设）单位</td><td colspan="4">总监理工程师
（建设单位项目专业负责人）　　年　月　日</td></tr>
</table>

9.2.6　建筑工程质量不符合要求时的处理规定

当建筑工程质量不符合要求时，应按下列规定进行处理：

(1) 经返工重做或更换器具、设备的检验批，应重新进行验收。

(2) 经有资质的检测单位检测鉴定能够达到设计要求的检验批，应予以验收。

(3) 经有资质的检测单位检测鉴定达不到设计要求，但经原设计单位核算认可能够满足结构安全和使用功能的检验批，可予以验收。

(4) 经返修或加固处理的分项、分部工程，虽然改变外形尺寸但仍能满足安全使用要求，可按技术处理方案和协商文件进行验收。

一般情况下，不合格现象在最基层的验收单位——检验批时就应发现并及时处理，否则将影响后续检验批和相关的分项工程、分部工程的验收。因此所有质量隐患必须尽快消灭在萌芽状态，这也是《建筑工程施工质量验收统一标准》(GB 50300—2013)“强化验收”与“过程控制”的体现。

1. 经返工重做或更换器具、设备的检验批，应重新进行验收

这种情况，是指在检验批验收时，其主控项目不能满足验收规范规定或一般项目超过偏差限值的子项不符合检验规定的要求时，应及时进行处理的检验批。其中，严重的缺陷应推倒重来；一般的缺陷通过翻修或更换器具、设备予以解决，应允许施工单位在采取相应的措施后重新验收。如能够符合相应的专业工程质量验收规范，则应认为该检验批合格。

重新验收质量时，要对检验批重新抽样、检查和验收，并重新填写检验批质量验收记录表。

2. 经有资质的检测单位检测鉴定能够达到设计要求的检验批，应予以验收

这种情况，是指个别检验经发现试块强度等不满足要求等问题，难以确定是否验收时，应请具有资质的法定检测单位检测。当鉴定结果能够达到设计要求时，该检验批仍应认为通过验收。

3. 经有资质的检测单位检测鉴定达不到设计要求，但经原设计单位核算认可能够满足结构安全和使用功能的检验批，可予以验收

这种情况，如经检测鉴定达不到设计要求，但经原设计单位核算，仍能满足结构安全和使用功能的情况，该检验批可以予以验收。一般情况下，规范标准给出了满足安全和功能的最低限度要求，而设计往往在此基础上留有一些余量。不满足设计要求和符合相应规范标准的要求，两者并不矛盾。

4. 经返修或加固处理的分项、分部工程，虽然改变外形尺寸但仍能满足安全使用要求，可按技术处理方案和协商文件进行验收

这种情况，更为严重的缺陷或者超过检验批的更大范围内的缺陷，可能满足结构的安全性和使用功能。若经法定检测单位检测鉴定以后认为达不到规范标准的相应要求，即不能满足最低限度的安全储备和使用功能，则必须按一定的技术方案进行加固处理，使之能保证其满足安全使用的基本要求。这样会造成一些永久性的缺陷，如改变结构外形尺寸，影响一定次要的使用功能等。为了避免社会财富更大的损失，在不影响安全和主要使用功能条件下可按处理技术方案和协商文件进行验收，责任方应承担经济责任，但不能作为轻视质量而回避责任的一种出路，这是应该特别注意的。

9.2.7 严禁验收

通过返修或加固处理仍不能满足安全使用要求的分部工程、单位（子单位）工程，严禁验收。

这种情况非常少，但确定是有的；通常是指不可救药者，或采取措施后得不偿失者，这种情况就应坚决拆掉，返工重做，严禁验收。

9.3 钢结构工程施工质量验收

根据《建筑工程施工质量验收统一标准》（GB 50300—2013）的规定，钢结构工程施工质量验收应划分为分部（子分部）工程，分项工程和检验批。

9.3.1 分部（子分部）工程

对某一个建筑工程中的单位工程，钢结构作为主体结构之一时。钢结构为子分部工程；当主体结构只有钢结构一种结构时，钢结构为分部工程。大型钢结构工程可划分若干个子分部工程。

9.3.2 分项工程

钢结构分项工程按主要工种、材料、施工工艺等划分为钢构件焊接、焊钉焊接、普通紧固件连接、高强度螺栓连接、钢零件及部件加工、钢构件组装、钢构件预拼装、单层钢结构安装、多层及高层钢结构安装、钢网架结构安装、压型金属板、防腐涂料涂装、防火涂料涂装等13个分项工程。为便于操作，有时将钢构件焊接分成工厂制作焊接和现场安装焊接两个分项工程，将钢网架结构制作从零部件加工中分离出来，这样总共变成了15个分项工程。

对于某一个钢结构分部（子分部）工程，最高可能包含所有13个分项工程，一般情况只包含其中的某些项。当某一分项工程由两家及以上承包商共同施工时，各家应分别进行验收。

9.3.3 检验批

检验批是指“按同一生产条件或按规定的方式汇总起来供检验用的，由一定数量样本组成的检验体”，钢结构分项工程可以划分成一个或若干个检验批进行验收，这有助于及时纠正施工中出现的质量问题，落实“过程控制”，确保工程质量，同时也符合施工实际需要，有利于验收工作的操作。

钢结构分项工程检验批划分应遵循下列原则：

（1）单层钢结构按变形缝划分。

（2）多层及高层钢结构按楼层或施工段划分。

（3）钢结构制作可按构件类型划分。

（4）压型金属板工程按屋面、墙面、楼面等划分。

（5）对于原材料及成品进场的验收，可以根据工程规模及进料情况合并或分批划分。

（6）复杂结构按独立的空间刚度单元划分。

在进行钢结构分项工程检验批划分时，要强调应由施工单位和监理工程师事先划定，一般情况由施工单位在其施工组织设计中划出检验批，报监理工程师批准，双方照此进行验收。每一个分项工程其检验批的划分都可以不同，原则上有多少个分项工程就有多少种划分，但尽量减少划分种类。

9.3.4 钢结构工程有关安全及功能的检验和见证检验项目

钢结构分部（子分部）工程有关安全及功能的检验和见证检测项目按表9-5规定进行。

表9-5 钢结构分部（子分部）工程有关安全及功能的检验和见证检测项目

项次	项 目	抽检数量及检验方法	合格质量标准	备注
1	见证取样送样试验项目 （1）钢材及焊接材料复验； （2）高强度螺栓预拉力、扭矩系数复验； （3）摩擦面抗滑移系数复验； （4）网架节点承载力试验	见《钢结构工程施工质量验收规范》(GB 50205—2001）第4.2.2、4.3.2、4.4.2、4.4.3、6.3.1、12.3.3条规定	符合设计要求和国家现行有关产品标准的规定	
2	焊缝质量： （1）内部缺陷； （2）外观缺陷； （3）焊缝尺寸	一、二级焊缝按焊缝数随机抽检3%，且不应少于3处；检验采用超声波或射线探伤及《钢结构结构施工质量验收规范》(GB 50205—2001）第5.2.6、5.2.8、5.2.9条方法	《钢结构工程施工质量验收规范》(GB 50205—2001）第5.2.4、5.2.6、5.2.8、5.2.9条规定	

续表

项次	项　目	抽检数量及检验方法	合格质量标准	备注
3	高强度螺栓施工质量 （1）终拧扭矩； （2）梅花头检查； （3）网架螺栓球节点	按节点数随机抽检3%，且不应少于3个节点，检验按《钢结构工程施工质量验收规范》（GB 50205—2001）第6.3.2、6.3.3、6.3.8条方法执行	《钢结构工程施工质量验收规范》（50205—2001）第6.3.2、6.3.3、6.3.8条的规定	
4	柱脚及网架支座 （1）锚栓紧固； （2）垫板、垫块； （3）二次灌浆	按柱脚及网架支座数随机抽检10%，且不应少于3个；采用观察和尺量等方法进行检验	符合设计要求和《钢结构工程施工质量验收规范》（GB 50205—2001）的规定	
5	主要构件变形 （1）钢屋（托）架、桁架、钢梁吊车梁等垂直度和侧向弯曲； （2）钢柱垂直度； （3）网架结构挠度	除网架结构外，其他按构件数随机抽检3%，且不应少于3个；检验方法按《钢结构工程施工质量验收规范》（GB 50205—2001）第10.3.3、11.3.2、11.3.4、12.3.4条执行	《钢结构工程施工质量验收规范》（GB 50205—2001）第10.3.3、11.3.2、11.3.4、12.3.4条的规定	
6	主体结构尺寸 （1）整体垂直度； （2）整体平面弯曲	见《钢结构工程施工质量验收规范》（GB 50205—2001）第10.3.4、11.3.5条的规定	《钢结构工程施工质量验收规范》（GB 50205—2001）第10.3.4、11.3.5条的规定	

10　索结构施工质量控制

10.1　索结构质量控制要点

目前，索结构还没有相应的规程规范作为设计和施工依据。一般索结构主要有索、索头和一些辅助装置组成。从施工角度来说，索结构质量控制主要从原材料、施工和维护三方面进行。

10.2　索结构材料

（1）索必须具有生产许可证，产品出厂合格证和材料检验证书；

（2）索头连接部分焊接必须进行检测，检测数量为 100%，焊缝质量必须达到一级标准；

（3）索本身必须做好保护，索表面不得有划痕，停放时必须自然放置，不得让索有弯曲内力。

10.3　索结构施工

（1）张拉设备：用于索结构张拉的施工机具必须经过计量标定，每台张拉千斤顶必须具有合格证书和标定证书；

（2）张拉施工单位必须具有专业施工资质；

（3）施工前，施工单位必须编制详细的施工方案，方案必须得到设计单位认可。

10.4　索结构验收

（1）索结构控制要点为索力必须达到设计值；

（2）索力检测，重要索或结构的主索的索力必须进行检测，检测结果必须达到设计值，最大误差不得超过 3%；

（3）检查索表面不得有刻痕，如有损伤痕迹则必须采取补救措施，外表面有保护层的索，保护外套不得有开口，如有开口，则应采取措施恢复。

11　钢结构工程焊接质量管理

焊接作为特殊的施工过程，其施工质量影响因素复杂。应当依据现行标准规范，结合具体的工程实际，对焊接施工过程进行全面的质量管理，通过有效控制材料（包括钢材和焊接材料）质量、合理选择焊接工艺并遵照实施、严格考核焊工操作技能并配备必要的焊接技术人员、检验人员和其他相关人员，不断改进施工设备机具，并在焊前准备、过程监测、最终检验几个阶段给予必要的控制，以确保最终的焊接接头内在质量和外在质量满足设计要求，焊接质量控制体系如图 11-1 所示。

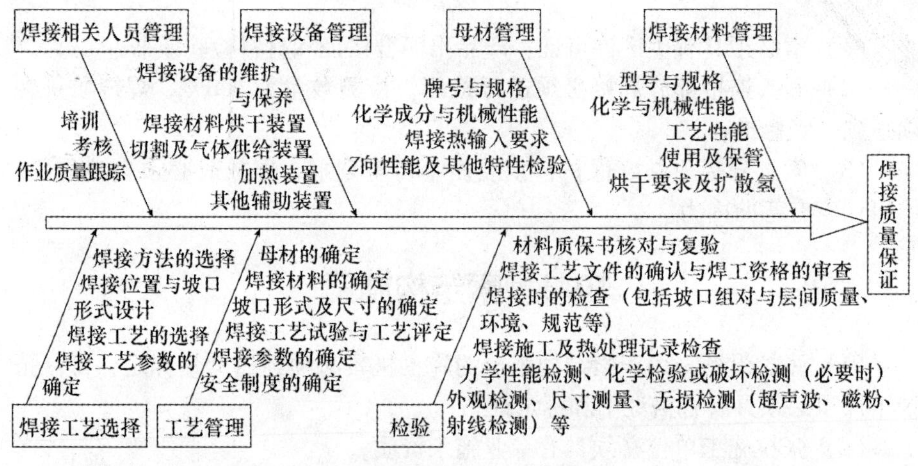

图 11-1　焊接质量控制体系框图

在焊接质量全面管理的过程中，焊前准备是重要一环，现代焊接生产施工中一句名言“焊前准备好了等于已焊接了一半”（转引自《焊接工程学》，曾乐著）恰好说明了这一点。针对焊接质量管理体系中的各个主要环节，通过制定完善的技术管理文件可以预防焊接质量问题的产生，从而获得高的施工质量同时降低成本、提高效率。然而焊接质量的要求不能仅仅局限于对无损检测质量结果的要求。

一方面，无损检测只能检测焊缝金属的几何缺陷，而且是被动的对最终质量结果的认定，如果忽视对过程的全面控制，检测手段的先进只会增加返修率；另一方面，焊接接头的力学性能既有焊接材料的合理匹配因素，也有焊接工艺因素，一旦制定了焊接工艺文件，其执行情况往往会影响最终的质量结果，而最终的焊接接头力学性能往往无法进行检验，只能通过对焊接工艺实施过程进行严格的管理，确认其完全执行了事先制订的工艺来控制。

12 钢结构工程焊接质量控制的一般程序

12.1 质量控制程序网络图

对于焊接性较好的常用钢材，焊接质量控制程序如图12-1所示。

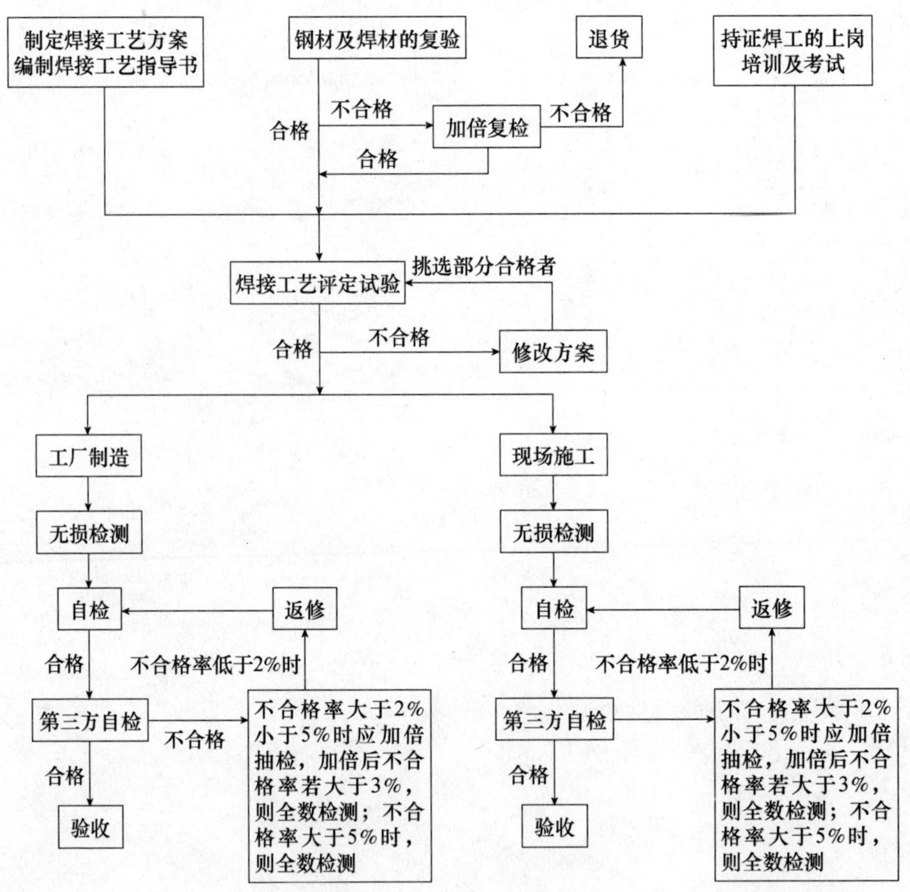

图12-1 焊接质量控制程序图

12.2 关于质量控制程序的几点解释

（1）所选用的钢材、焊材及高强螺栓等相关材料应严格按照设计要求采购并按《钢结构工程施工及验收规范》(GB 50205）的要求进行复验。

（2）焊接工艺方案或指导书应由钢结构制造或安装单位根据所承担的钢结构的设计节点形式、钢材类型、规格，采用的焊接方法、焊接位置，并参照《钢结构焊接规范》(GB 50661）制定。按该规程的规定施焊试件切取试样并由具有国家技术质量监督部门认证资质的检测单位进行检测试验及评定。

（3）根据目前企业的管理模式，应对持证焊工进行上岗培训及考核，目前国内大多数建筑企业均采取项目管理方式，管理层人员相对固定，而操作员包括焊工均采用临时招聘的方式。焊工是一种对技术、经验及体力要求较高的工种，一段时间中断工作就会导致操作水平下降，影响焊接质量。因此，凡大型或重点工程均要求在施工前，特别是对从事现场安装的有证焊工，应根据高层钢结构的工程特点进行有针对性的培训及考试，合格者发给上岗证后方可上岗。对于Q390、Q420、Q460钢材的焊接，原通过Q345钢材焊工考核的焊工必须重新进行培训及考试。

（4）是否进行焊接工艺评定试验可根据《钢结构焊接规范》(GB 50661)标准确定。但目前国内的惯例是大型或重要工程均要求施工单位进行焊接工艺评定试验。对于在国内建筑行业首次采用的钢种应在焊接工艺评定试验之前，首先进行钢材的焊接性试验，在此基础上进行焊接工艺评定，其试板应由合格焊工根据焊接工艺评定方案及工艺指导书进行焊接，然后根据《钢结构焊接规范》（GB 50661）进行试验。

（5）焊缝无损检测是控制焊缝质量的主要环节，无损检测主要是控制焊缝的内部质量，根据《钢结构工程施工及验收规范》(GB 50205）及《钢结构焊接规范》(GB 50661）的规定，除对一、二级焊缝分别进行100%和20%的自检外，还应由第三方进行3%的随机抽查。

抽样检查的焊缝数如不合格率小于2%时，该批验收合格；不合格率大于5%时，该批验收不合格；不合格率为2% ~5%时，应加倍抽检，且必须在原不合格部位两侧的焊缝延长线各增加一处，如在所有抽检焊缝中不合格率不大于3%时，该批验收合格，大于3%时，该批验收不合格。当批量验收不合格时，应对该批余下焊缝的全数进行检查。当检查出裂纹缺陷时，必须重新制定抽样方案。

13 钢结构工程焊接质量控制具体方案

13.1 焊工考核

焊工操作水平高低直接影响到焊接工程质量的优劣，国内外均十分重视对焊工的考核与管理。在《钢结构焊接规范》(GB 50661）中，借鉴日本的钢结构焊工考核管理要求，对焊工考试分为基本考试、附加考试两种。作为基本考试内容，规程考虑了我国目前焊工资格的管理特点，规定了相关行业之间焊工资格的互认条件，这样可以避免不必要的重复考核；作为附加考试内容，则给出了结合具体钢结构工程的考核要求，使焊工能适应工程要求，确保焊接质量。

13.1.1 软、硬件的审查

（1）基本焊工资格的审查：基本焊工资格证件是否有效，证件所涵盖的焊接方法及焊接位置是否满足本工程的要求。

（2）钢材及焊接材料的审查：焊工考试所选用的钢材及焊材分类是否能涵盖工程选用材料。

（3）焊接设备的审查：考试所用焊接设备应与工程实际应用的设备基本一致。

（4）考试方案的审查：具体的考核节点形式是否符合工程实际要求，焊工考试所采用的焊接工艺是否通过焊接工艺评定。

13.1.2 焊工考试

（1）现场监考

由包括监理、考核机构监考人员等在内的有关方面进行考试监考，主要检查其选用的焊接工艺参数、焊接试板尺寸、坡口形式等是否与工艺指导书相同，是否有弄虚作假现象。

（2）外观检测

根据 GB 50661 标准的要求对考试试件进行外观评定。

（3）无损检测

根据 GB 50661 标准的要求对考试试件进行超声或射线检测。

（4）力学性能检测

在外观及无损检测合格的基础上根据 GB 50661 标准的要求对考试试件进行力学性能试验。

13.1.3 发证

对于按上述要求考核合格的焊工，由考核机构颁发资格证书。只有对上述几项全部考核合格者才签发上岗证，持有上岗证者方有资格参与本项工程的工作。

13.2 焊接工艺评定

在《钢结构焊接规范》（GB 50661）规程第 6 章焊接工艺评定第 6.1 条中明确规定：

除符合规范第 6.6 节规定的免予评定条件外，施工单位首次采用的钢材、焊接材料、焊接方法、接头形式、焊接位置、焊后热处理制度以及焊接工艺参数、预热和后热措施等各种参数的组合条件，应在钢结构构件制作及安装施工之前进行焊接工艺评定。

应由施工单位根据所承担钢结构的设计节点形式，钢材类型、规格，采用的焊接方法，焊接位置等，制订焊接工艺评定方案，拟定相应的焊接工艺评定指导书，按规范的规定施焊试件、切取试样并由具有相应资质的检测单位进行检测试验，测定焊接接头是否具有所要求的使用性能，并出具检测报告；应由相关机构对施工单位的焊接工艺评定施焊过程进行见证，并由具有相应资质的检查单位根据检测结果及规范的相关规定对拟定的焊接工艺进行评定，并出具焊接工艺评定报告。

第 6.1 条规定被纳入工程建设标准的强制性条文，必须严格遵守。

13.2.1 常用钢材工艺评定流程（图13-1）

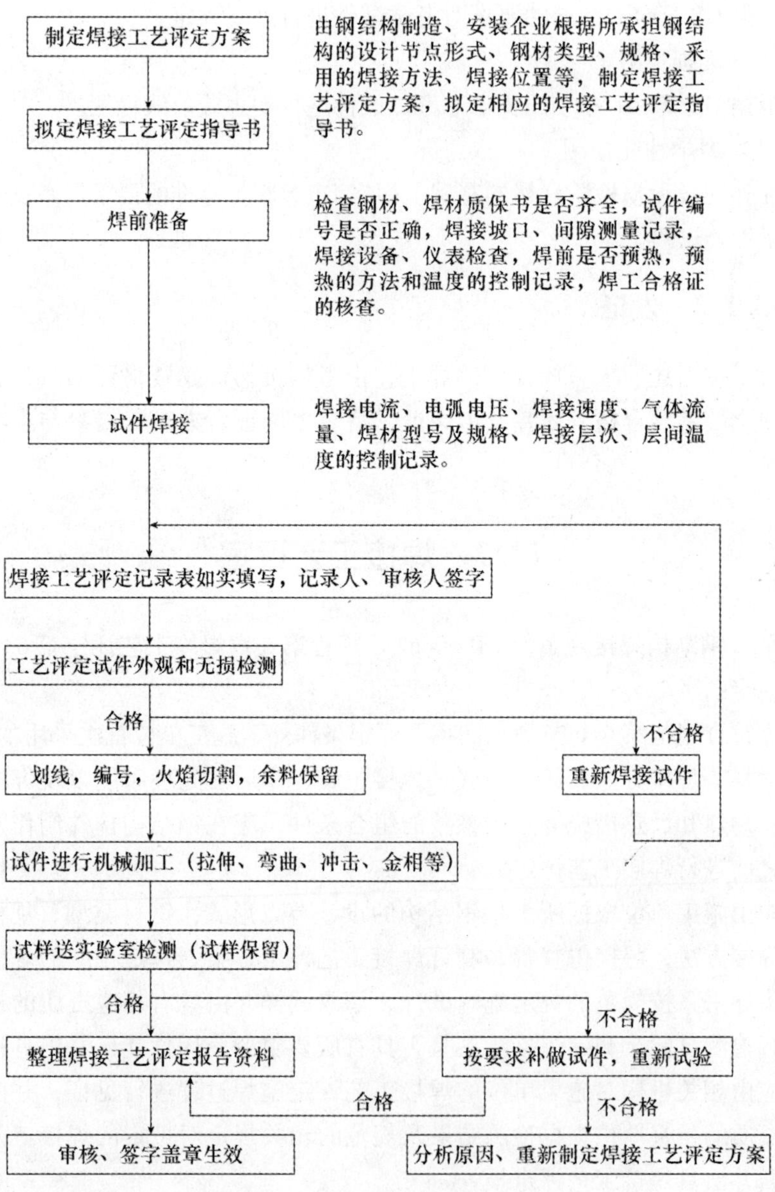
制定焊接工艺评定方案
由钢结构制造、安装企业根据所承担钢结构的设计节点形式、钢材类型、规格、采用的焊接方法、焊接位置等，制定焊接工艺评定方案，拟定相应的焊接工艺评定指导书。
拟定焊接工艺评定指导书
焊前准备
检查钢材、焊材质保书是否齐全，试件编号是否正确，焊接坡口、间隙测量记录，焊接设备、仪表检查，焊前是否预热，预热的方法和温度的控制记录，焊工合格证的核查。
试件焊接
焊接电流、电弧电压、焊接速度、气体流量、焊材型号及规格、焊接层次、层间温度的控制记录。
焊接工艺评定记录表如实填写，记录人、审核人签字
工艺评定试件外观和无损检测
合格
不合格
划线，编号，火焰切割，余料保留
重新焊接试件
试件进行机械加工（拉伸、弯曲、冲击、金相等）
试样送实验室检测（试样保留）
合格
不合格
整理焊接工艺评定报告资料
按要求补做试件，重新试验
合格
不合格
审核、签字盖章生效
分析原因、重新制定焊接工艺评定方案

图13-1 焊接工艺评定流程图

13.2.2　焊工工艺评定流程实施细则

（1）工艺评定试件外观及无损检测

焊接工艺评定试件必须在焊接完成（包括焊后热处理）相隔 24h（Q345、Q390、Q420）或 48h（Q460）后，才能进行外观和无损检测。送检前应把试件的表面飞溅等物清理干净。

（2）工艺评定试件首先需进行外观检验，外观检验应符合下列要求：

不小于 5 倍放大镜检查试件表面，不得有裂纹、未焊透、未熔合、焊瘤、气孔、夹渣等缺陷。

焊缝咬边总长度不得超过焊缝两侧长度的 15%，咬边深度不得超过 0.5mm。

焊缝外形尺寸：焊缝宽度比坡口每侧增宽 1～3mm。余高差的要求：不同宽度的（B）对接焊缝，B < 15mm 时 0～3mm，15mm ≤ B ≤ 25mm 时 0～4mm，25mm < B 时 0～5mm，角接焊 0～3mm，对接与角接组合 0～5mm。表面凹凸高低差在 25mm 焊缝长度内 ≤ 2.5mm，焊缝表面的宽度差在 150mm 的焊缝长度内 ≤ 5mm。角焊缝焊脚尺寸偏差 0～3mm，焊脚尺寸不对称，0～1 + 0.1 倍的焊脚尺寸。

（3）工艺评定试件必须在外观合格后才能进行无损探伤检测。试件的无损检测可用射线或超声波方法进行。射线探伤应符合国家标准《金属熔化焊对接接头射线照相》（GB/T 3323）的规定，射线照相的质量等级应符合 AB 级的要求，焊缝质量不低于Ⅱ级；超声波探伤应符合现行国家标准《钢焊缝手工超声波探伤方法和探伤结果分级》（GB/T 11345）的规定，焊缝质量不低于 BⅡ级。

（4）工艺评定试件检验类别和试样数量见表 13-1。

表 13-1　检验类别和试样数量

母材形式	试件形式	试件厚度（mm）	无损探伤	全断面拉伸	试样数量						
					拉伸	面弯	背弯	侧弯	冲击③		宏观酸蚀及硬度④⑤
									焊缝中心	热影响区	
板、管	对接接头	<14	要	管2①	2	2	2	—	3	3	—
		≥14	要	—	2	—	—	4	3	3	—
板、管	板T形、斜T形和管T、K、Y形角接接头	任意	—	—	—	—	—	—	—	3	板2⑥ 管4

续表

母材形式	试件形式	试件厚度（mm）	无损探伤	全断面拉伸	试样数量						
					拉伸	面弯	背弯	侧弯	冲击③		宏观酸蚀及硬度④⑤
									焊缝中心	热影响区	
板	十字形接头	任意	要	—	2	—	—	—	3	3	2
管、管	十字形接头	任意	要	2②	—	—	—	—	—	—	4
管、球											2
板栓钉	栓钉焊接头	底板≥25	—	5	—	—	—	—	—	—	—

表注：①管材对接全截面拉伸试样适用于外径小于或等于76mm的圆管对接试件，当管径超过该规定时，应按GB 50661标准执行；

②管－管、管－球接头全界面拉伸试样适用的管径和壁厚由试样机的能力决定；

③是否进行冲击试验以及式验条件按设计选用钢材的要求确定；

④硬度试验根据工程实际需要进行；

⑤圆管T、K、Y形和十字形相贯接头试件的宏观酸蚀试样应在接头的趾部、侧面及跟部各取一件；矩形管接头全焊透T、K、Y形接头试件的宏观酸蚀应在接头的角部各取一个，详见GB 50661中图6.4.1-4。

⑥斜T形接头（锐角根部）按GB 50661中图6.4.1-3进行宏观酸蚀检验。

13.2.3　工艺评定试件的试验及综合评定

（1）工艺评定试件机加工后的试样，由具有国家技术质量监督部门认证资质的检测单位进行检测试验。

（2）各项检测试验报告——接头拉伸试验、接头弯曲试验、冲击试验、宏观酸蚀试验，由焊接工艺评定人员根据GB 50661标准进行综合评定。

（3）提供焊接工艺评定报告

一份完整的焊接工艺评定报告应包括：焊接工艺评定报告，焊接工艺评定指导书，焊接工艺评定记录表，焊接工艺评定检验结果，以及相应的各项检测报告，委托方提供的材质证明等内容。

此报告应由评定、审核、技术负责人签字并加盖焊接检测专用章生效。

各项检测全部合格，工程施工的焊接条件及工艺参数适用范围按本评定指导书规定执行。

如果有的检测项目不合格，应在标准允许的范围内进行复验，复验合格后方可提供焊接工艺评定报告。

如果复检仍不合格，通知施工单位修订焊接工艺评定指导书，重新进行焊接工艺评定试验。

14　钢结构工程焊接质量检查

14.1　焊接检验的程序

焊接检验包括焊前检验、焊中检验、焊后检验。

14.1.1　焊前应检内容

1. 按设计文件和相关标准要求对工程中所用钢材、焊接材料的规格、型号、品牌、材质、外观及质量证明文件进行确认。

2. 焊工合格证及认可范围确认。

3. 焊接工艺技术文件及操作规程审查。

4. 坡口形式、尺寸及表面质量检查。

5. 组对后构建的形状、位置、错边量、角变量、间隙检查。

6. 焊接环境、焊接设备等条件确认。

7. 定位焊缝的尺寸及质量认可。

8. 焊接材料的烘干、保存及领用情况检查。

9. 引弧板、引出板和衬垫板的装配质量检查。

14.1.2　焊中应检内容

1. 实际采用的焊接电流、焊接电压、焊接速度、预热温度、层间温度及后热温度和时间等焊接工艺参数与焊接工艺文件的符合性检查。

2. 多层多道焊焊道欠缺的处理情况确认。

3. 采用双面焊清根的焊缝，应在清根后进行外观检查机规定的无损检测。

4. 多层多道焊中焊层、焊道的布置及焊接顺序等检查。

14.1.3　焊后应检内容

1. 焊缝的外观质量与外形尺寸检查。

2. 焊缝的无损检测。

3. 焊接工艺规程记录及检验报告审查。

14.2 检验方案

根据《钢结构焊接规程》(GB 50661—2011)，检验方案包括检验批的划分、抽样检验的抽样方法、检验项目、检验方法、检验时机及相关验收标准等内容。

14.2.1 抽样检验的方法

14.2.1.1 GB 50661 第 8.1.4 条和第 8.1.8 条对焊缝的抽样检查方法、比例及扩检方法进行了规定。

抽样检查时，应符合下列要求：

(1) 焊缝处数的计数方法：工厂制作焊缝长度小于等于 1000mm 时，每条焊缝为 1 处；长度大于 1000mm 时，每增加 300mm 焊缝数量应增加为 1 处；现场安装焊缝每条焊缝为 1 处。

(2) 按下列方法确定检验批：

①制作焊缝以同一工区（车间）按 300 ~ 600 处焊缝数量组成批；多层框架结构可以每节柱的所有构件组成批；

②安装焊缝可以区段组成批；多层框架结构以每层（节）的焊缝组成批。

(3) 抽样检查除设计指定焊缝外应采用随机取样方式取样，且取样应覆盖到该批焊缝中所包含的所有钢材类别，焊接位置和焊接方法。

抽样检查应按如下规定进行：抽样检查的焊缝数如不合格率小于 2% 时，该批验收应定为合格；不合格率大于 5% 时，该批验收应定为不合格；不合格率为 2% ~ 5% 时，应加倍抽检，且必须在原不合格部位两侧的焊缝延长线各增加一处，在所有抽检焊缝中不合格率不大于 3% 时，该批验收应定为合格，大于 3% 时，该批验收应定为不合格。当检查出一处裂纹缺陷时，应加倍抽查，如在加倍抽检焊缝中未检查出其他裂纹缺陷时，该批验收应定为合格；当检查出多于 1 处裂纹缺陷或加倍抽查又发现裂纹缺陷时，应对该批余下焊缝的全数进行检查。

14.2.1.2 GB 50661—2011 第 8.2.3 条规定

超声波探伤的每个探测区焊缝长度应不小于 300mm。对超声波探伤不合格的检验区，要在其附近再选 2 个检验区进行探伤；如这 2 个检验区中又发现 1 处不合格，则该焊缝必须全部进行超声波探伤。

14.2.2 外观检验

外观检验应符合下列规定：

（1）所有焊缝应冷却到环境温度后进行外观检测。

（2）外观检测采用目测方式，裂纹的检测应辅以 5 倍放大镜并在合适的光照条件下进行，必要时可采用磁粉探伤或渗透探伤检测，尺寸的测量应用量具、卡规。

（3）栓钉焊接接头的焊缝外观质量应符合表 14-1 或表 14-2 的规定。外观质量合格后进行打弯抽样检查：当栓钉弯曲至 30°时，焊缝和热影响区不得有肉眼可见裂纹，检查数量不应小于栓钉总数的 1% 且不少于 10 个。

（4）电渣焊、气电立焊接头的焊缝外观成形应光滑，不得有未融合、裂纹等缺陷；当板厚不小于 30mm 时，压痕、咬边深度不应大于 0.5mm；板厚不小于 30mm 时，压痕、咬边深度不应大于 1.0mm。

表 14-1 栓钉焊接接头外观检验合格标准

外观检验项目	合格标准	检验方法
焊缝外形尺寸	360°范围内焊缝饱满 拉弧式栓钉焊：焊缝高 $K_1 \geq 1$mm；焊缝宽 $K_2 \geq 0.5$mm 电弧焊：最小焊脚尺寸应符合表 14-2 的规定	目测、钢尺、焊缝量规
焊缝缺欠	无气孔、夹渣、裂纹等缺欠	目测、放大镜（5 倍）
焊缝咬边	咬边深度≤0.5mm，且最大长度不得大于 1 倍的栓钉直径	钢尺、焊缝量规
栓钉焊后高度	高度偏差≤ ±2mm	钢尺
栓钉焊后倾斜角度	倾斜角度偏差 $\theta \leq 5°$	钢尺、量角器

表 14-2 采用电弧焊方法的栓钉焊接接头最小焊脚尺寸

栓钉直径（mm）	角焊缝最小焊脚尺寸（mm）
10.13	6
16，19，22	8
25	10

14.3 检验方法

焊缝质量的检验方法主要为无损检测。

1. 无损检测要在外观检测合格后进行。Q390、Q420、Q390GJ、Q420GJ、Q420q、Q415NH、Q460、Q500、Q550、Q620、Q690、Q460GJ、Q460NH、Q500NH、Q550NH 钢材或焊接难度为 C 级、D 级时，应以焊接完成 24h 后无损检测结果为验收依据。

2. 全焊透的焊缝，其内部缺欠的检测应符合：一级焊缝应进行 100% 的检测，其合格等级不应低于（板厚）$2t/3$，最小 8mm，最大 70mm；二级焊缝的抽检比例不应小于 20%，其合格等级不应低于（板厚）$3t/4$，最小 12mm，最大 90mm；三级焊缝应根据要求进行相关检测。

14.4 关于焊缝质量等级的说明

根据质量要求检验等级分为 A、B、C 三级，检验的完善程度 A 级最低，B 级一般，C 级最高，检验工作的难度系数按 A、B、C 顺序逐级增高。检验等级见表 14-3。应按照工件的材质、结构、焊接方法、使用条件及承受载荷的不同，合理地选用检验级别。检验等级应按产品技术条件和有关规定选择或经合同双方协商选定。

表 14-3　超声波检测缺欠等级评定

评定等级	检验等级		
	A	B	C
	板厚 t（mm）		
	3.5～50	3.5～150	3.5～50
Ⅰ	$2t/3$；最小 8mm	$t/3$；最小 6mm 最大 40mm	$t/3$；最小 6mm 最大 40mm
Ⅱ	$3t/4$；最小 8mm	$2t/3$；最小 8mm 最大 70mm	$2t/3$；最小 8mm 最大 50mm
Ⅲ	$<t$；最小 16mm	$3t/4$；最小 12mm 最大 90mm	$3t/4$；最小 12mm 最大 75mm
Ⅳ	超过Ⅲ级者		

检验等级的检验范围：

A 级检验采用一种角度的探头在焊缝的单面单侧进行检验，只对允许扫查到的焊缝截面进行探测。一般不要求作横向缺陷的检验。母材厚度大于 50mm 时，不得采用 A 级检验（图 14-1）。

B 级检验原则上采用一种角度探头在焊缝的单面双侧进行检验，对整个焊缝截面进行探测。母材厚度大于 100mm 时，采用双面双侧检验。受几何条件的限制可在焊缝的双面单侧采用两种角度探头进行探伤。条件允许时应作横向缺陷的检验（图 14-2）。

C 级检验至少要采用两种角度探头在焊缝的单面双侧进行检验。同时要作两个扫查方向和两种探头角度的横向缺陷检验。母材厚度大于 100mm 时，采用双面双侧检验（图 14-3）。其他附加要求是：

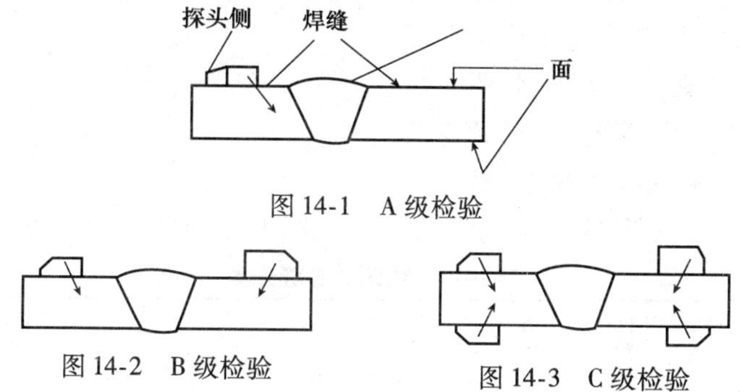

图 14-1　A 级检验

图 14-2　B 级检验

图 14-3　C 级检验

（1）对接焊缝余高要磨平，以便探头在焊缝上作平行扫查；

（2）焊缝两侧斜探头扫查经过的母材部分要用直探头作检查；

（3）焊缝母材厚度大于等于 100mm，窄间隙焊缝母材厚度大于等于 40mm 时，一般要增加串列式扫查。

14.5　主要无损检测方法、标准及新技术的介绍

14.5.1　超声波检测

14.5.1.1　*一般原理*

（1）超声波的特性。良好的方向性；能量高；能在界面上产生反射、折射和波型转变；穿透能力强。

（2）A 型脉冲反射式超声波探伤仪的一般工作原理如图 14-4 所示。

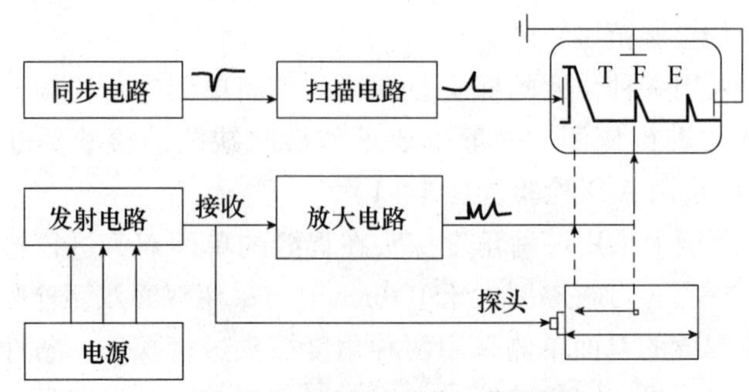

图 14-4　超声波探伤工作原理

(3) 缺陷的定位及判定。采用声程、深度或水平回波确定缺陷的位置，根据反射波在显示屏上的回波高度（距离－波幅曲线示意图）及探头沿焊缝水平轴线方向平行移动时，缺陷反射波持续在某一高度水平上的长度来评判缺陷的等级，具体评定准则见距离－波幅曲线示意图(图 4-5)和缺陷的等级分类表 14-4。

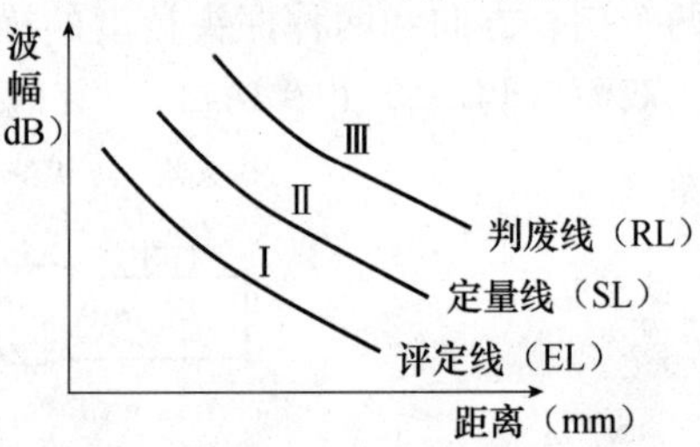

图 14-5　距离－波幅曲线示意图

表 14-4　缺陷的等级分类

评定等级 \ 板厚(mm) \ 检验等级	A	B	C
	8～50	8～300	8～300
Ⅰ	2/3 δ；最小 12	δ/3；最小 10，最大 30	δ/3；最小 10，最大 20
Ⅱ	3/4 δ；最小 12	2/3 δ；最小 12，最大 50	δ/2；最小 10，最大 30
Ⅲ	<δ；最小 20	3/4 δ；最小 16，最大 75	2/3 δ；最小 12，最大 50
Ⅳ	超过Ⅲ级者		

注：①δ 为坡口加工侧母材板厚，母材板厚不同时，以较薄侧板厚为准。

②管座角焊缝 δ 为焊缝截面中心线高度。

14.5.1.2　超声波检测应符合如下要求

1. 灵敏度应符合表 14-5 的规定。

2. 缺欠等级应符合表 14-3 的规定。

表 14-5　距离－波幅曲线

厚度（mm）	判废线（dB）	定量线（dB）	评定线（dB）
3.5～150	$\phi3\times40$	$\phi3\times40-6$	$\phi3\times40-14$

3. 当检测板厚在3.5～8mm范围时，其检测参数按《钢结构超声波探伤机质量分级法》（JG/T 203）执行。

4. 焊接球节点网架、螺栓球节点网架、圆管T、K、Y节点应符合《钢结构超声波探伤机质量分级法》（JG/T 203）有关规定。

5. 箱型构件隔板电渣焊焊缝除应符合上节14.3.1的规定外，还应符合GB50661附录C焊缝焊透宽度、焊缝偏移检测的相关规定。

6. 对超声波检测有疑义时，可采用射线检测验证。

7. 当发现钢板有夹层缺欠，或翼缘板、腹板厚度不小于20mm的非厚度方向性能钢板，或腹板厚度大于翼缘板厚度且垂直于该翼缘板厚度方向的工作应力较大时，应在焊前用超声波检测T形、十字形、角接接头坡口处的翼缘板，或在焊后进行翼缘板的层状撕裂检测。

14.5.1.3　《钢焊缝手工超声波探伤方法和探伤结果分级》(GB/T 11345) 标准简介

（1）适用范围：本标准规定于检验焊缝及热影响区缺陷，确定缺陷位置、尺寸和缺陷评定的一般方法及探伤结果的分级方法。

本标准适用于母材厚度不小于8mm的铁素体类钢全焊透熔化焊对接焊缝脉冲反射法手工超声波检验。

本标准不适用于铸钢及奥氏不锈钢焊缝；外径小于159mm的钢管对接焊缝；内径小于等于200mm的管座角焊缝及外径小于250mm和内外径之比小于80%的纵向焊缝。

（2）检验等级，检验等级分为A、B、C三级。检验的完善程度A级最低，B级一般，C级最高。检验工作的难度系数按A、B、C顺序逐级增高。

（3）探伤面及探伤法的选择，见表14-6。

表14-6　探伤面及使用折射角

板厚（mm）	探伤面			探伤法	使用折射角或K值
	A	B	C		
≤25	单面单侧	单面双侧（1和2或3和4）或双面单侧（1和3或2和4）		直射法及一次反射法	70°（K2.5，K2.0）
>25～50					70°或60°（K2.5，K2.0，K1.5）
>50～100	无A级			直射法	45°或60°；45°和60°；45°和70°并用（K1或K1.5；K1和K1.5，K1和K2.0并用）
>100	无A级	双面双侧			45°和60°并用（K1和K1.5或K2并用）

(4) 检验频率：检验频率f一般在2～5MHz范围内选择，推荐选用2～2.5MHz公称频率检验。特殊情况下，可选用低于2MHz或高于2.5MHz检验频率，但必须保证系统灵敏度的要求。

(5) 缺陷等级分类（表14-3）。

(6) 为探测腹板和翼板间未焊透或翼板侧焊缝下层状撕裂等缺陷，可采用直探头或斜探头在翼板外侧探伤或采用折射角45°（K1）探头在翼板内侧作一次反射法探伤［图14-6(a)、(b)］。

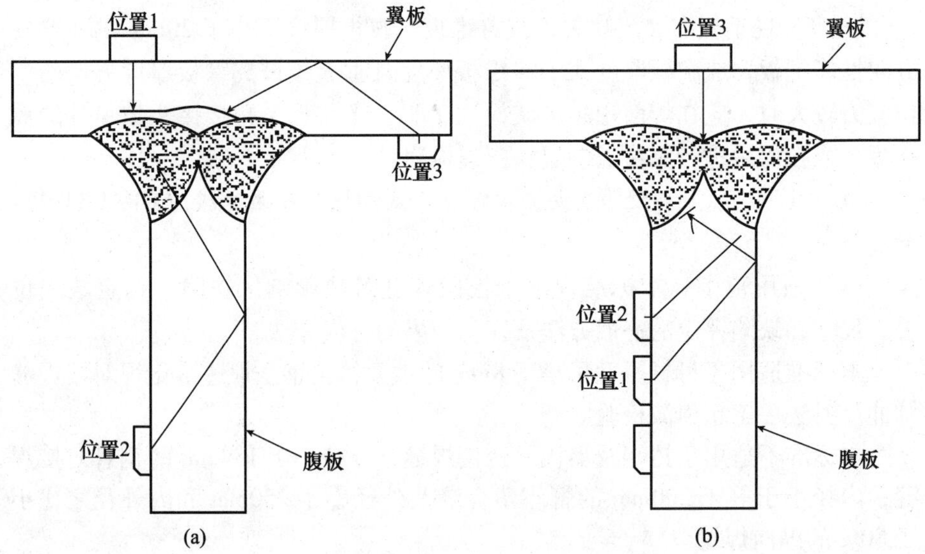

图14-6　反射探伤示意图

14.5.1.4　《焊接球节点钢网架焊缝超声波探伤及质量分级法》(JG/T 3034.1) 标准简介

(1) 适用范围

本标准规定了检测钢网架焊接空心球、球管焊缝以及钢管对接焊缝用单斜探头接触法超声波探伤确定缺陷位置、尺寸和缺陷评定的一般方法以及质量分级方法。

本标准适用于母材厚度4～25mm、球径不小于120mm、管径不小于76mm普通碳素钢和低合金钢焊接空心球、球管焊缝及钢管对接焊缝A型脉冲反射式手工超声波探伤以及根据探伤结果进行的质量分级。

(2) 探头的选择

检测球管焊缝宜选用横波斜探头，在满足探伤灵敏度的前提下，以使用频率5MHz、大角度、短前沿斜探头为主，见表14-7。其中 k 为折射角正切值，即 $k=\tan\beta$。

表14-7　斜探头规格

频率（MHz）	晶片尺寸（mm^2）	钢中折射角 β	前沿尺寸（mm）
5	6×6	70°，或者 $k=1.5\sim3.0$	<6
2.5或5	8×8	70°或60°，或者 $k=1.5\sim3.0$	<9
2.5或5	8×8	45°，或者 $k=1.0$	<9

根据被检焊缝的实际需要，也可采用其他类型和规格的探头。

（3）质量分类与分级（表14-8和表14-9）

表14-8　根部未焊透除外的质量等级

等　级	Ⅰ	Ⅱ	Ⅲ	Ⅳ
允许存在的缺陷程度	1. 回波幅度低于评定线； 2. 位于DAC曲线Ⅰ区危害性小的体积缺陷； 3. 回波幅度在DAC曲线Ⅱ区内，指示长度≤2/3δ，最小为10mm的危害性小的缺陷	回波幅度在DAC曲线Ⅱ区，指示长度≤3/4δ，最小为15mm的危害性小的缺陷	回波幅度在DAC曲线Ⅱ区内，指示长度≤δ，最小为20mm的危害性小的缺陷	1. 指示长度超过Ⅲ级规定的缺陷； 2. 回波幅度在DAC曲线Ⅲ区的缺陷； 3. 回波幅度在评定线以上，危害性大的缺陷

注：表中DAC曲线为标准JG/T 3043.1中的图1。

表14-9　根部未焊透的质量等级

等　级	Ⅰ	Ⅱ	Ⅲ	Ⅳ
允许存在的缺陷程度	1. 回波幅度在DAC曲线Ⅰ区的根部未焊透； 2. 回波幅度在DAC曲线Ⅱ区内，且低于UF，指示长度符合表14-8之Ⅰ级规定； 3. 未发现有未焊透缺陷	回波幅度在DAC曲线Ⅱ区内，且低于UF、指示长度符合表14-8之Ⅱ级规定其总和≤10%焊缝周长	1. 壁厚δ<8mm，回波幅度在DAC曲线Ⅱ区，且低于UF，指示长度符合表14-8Ⅲ级规定，其总和≤15%焊缝周长； 2. 壁厚δ≥8mm，回波幅度在DAC曲线Ⅱ区，且低于UF，指示长度符合表14-8Ⅲ级规定，其总和≤20%焊缝周长	1. 回波幅度大于等于UF，或在DAC曲线Ⅲ区； 2. 指示长度超过表14-8Ⅲ级规定； 3. 指示长度总和超过Ⅲ级规定

注：表中DAC曲线均为标准JG/T 3043.2图1。

14.3.1.5 《螺栓球节点钢网架焊缝超声波探伤及质量分级法》(JG/T 3043.2)标准简介

(1)适用范围

本标准规定了检测螺栓球节点钢网架杆件与锥头或封板熔化焊缝以及钢管对接焊缝用单、双晶斜探头接触法超声波探伤确定缺陷位置、尺寸和缺陷评定的一般方法以及质量分级方法。

本标准适用于母材厚度3.5~25mm、管径不小于48mm普通碳素钢和低合金钢杆件与锥头或封板焊缝以及钢管对接焊缝A型脉冲反射式手工超声波探伤以及根据探伤结果进行的质量分级。

(2)探头的选择(表14-10)

表14-10　斜探头规格

频率(MHz)	晶片尺寸(mm^2)	钢中折射角β	前沿尺寸(mm)
5	6×6	70°,或者$k=1.5\sim3.0$	<6
2.5或5	8×8	70°或60°,或者$k=1.5\sim3.0$	<9
2.5或5	8×8	45°,或者$k=1.0$	<9

(3)检测分级及部位(表14-11和表14-12)

表14-11　检验等级和探伤方法

检验等级	探伤面	探伤法
A级	单面单侧	直射波,一次反射波,二次反射波
B级	单面双侧	直射波,一次反射波

表14-12　受检区宽度和探头扫查区宽度

受检对象	受检区宽度(mm)	探头扫查区宽度(mm)
杆件与锥头或封板焊缝	焊缝自身宽度再加上管材侧相当于管壁厚度的一段区域,最大为14mm	在焊缝杆件侧,大于1.25P
钢管对接焊缝	焊缝自身宽度再加上焊缝两侧各相当于管壁厚度的一段区域,最大为20mm	在焊缝两侧,分别大于1.25P

（4）质量分类与分级（表 14-13 和表 14-14）

表 14-13　根部未焊透除外的质量等级

等　级	Ⅰ	Ⅱ	Ⅲ	Ⅳ
允许存在的缺陷程度	1. 符合 8.3.1 和 8.3.2 的缺陷，也包括未发现缺陷； 2. 回波幅度在 DAC 曲线Ⅱ区内，指示长度 ≤ 2/3δ，最小为 10mm 的危害性小的缺陷； 3. 回波幅度在Ⅰ区内，指示长度≤8% L（L 为周长）	1. 回波幅度在 DAC 曲线Ⅱ区，指示长度 3/4δ，最小为 15mm 的危害性小的缺陷； 2. 回波幅度在Ⅰ区，指示长度 ≤ 15% L（L 为周长）	回波幅度在 DAC 曲线Ⅱ区内，指示长度 ≤ δ，最小为 20mm 的危害性小的缺陷； 2. 回波幅度在Ⅰ区，指示长度 ≤ 20% L（L 为周长）	1. 指示长度超过Ⅲ级规定的缺陷； 2. 回波幅度在 DAC 曲线Ⅲ区的缺陷； 3. 回波幅度在评定线以上，危害性大的缺陷； 4. 符合 9.2 和 9.3 判废线及以上的缺陷

注：该表中条款均为标准 JG/T 3043. 2—1996 中的条款序号

表 4-14　根部未焊透的质量等级

等　级	Ⅰ	Ⅱ	Ⅲ	Ⅳ
允许存在的缺陷程度	1. 符合 8.3.3 的缺陷，也包括未发现根部未焊透在内； 2. 回波幅度在 DAC 曲线Ⅱ区内，且低于 UF，指示长度符合表 6 之Ⅰ级规定	回波幅度在 DAC 曲线Ⅱ区内，且低于 UF，指示长度符合表 6 之Ⅱ级规定，指示长度总和≤8% 焊缝周长	1. 壁厚 δ < 8mm 回波幅度在 DAC 曲线Ⅱ区内，且低于 UF，指示长度符合表 6 之Ⅲ级规定，其总和≤12% 焊缝周长； 2. 壁厚 δ ≥ 8mm 回波幅度在 DAC 曲线Ⅱ区内，且低于 UF，指示长度符合表 6 之Ⅲ级规定，其总和≤10% 焊缝周长	1. 回波幅度大于等于 UF；或在 DAC 曲线Ⅲ区；符合 9.2，9.3 判废线及以上的缺陷； 2. 指示长度超过表 6Ⅲ级规定； 3. 指示长度总和超过Ⅲ级规定

注：该表中的条款、表序及 DAC 曲线均为标准 JG/T 3043. 2—1996 中相应条款，表序及图。

14. 5. 2　射线检测

14. 5. 2. 1　射线检测的种类及其特点

（1）χ 射线——由高速电子流撞击金属而产生的电磁波。

（2）γ 射线——是某些放射性物质，如钴、镭、铀等自发产生的。

无论 χ 射线还是 γ 射线，其本质就是种波长很短的电磁波，由于具有很强的穿透本领，因此在钢构件的无损检测中被广泛的采用。

γ 射线与 χ 射线相比，具有穿透能力更强，现场操作条件简单，工作效率高等特点。但其也有明显的弱点。一是对操作人员及现场环境影响大；二是检测灵敏度相对于 χ 射线来讲较低。

14.5.2.2 射线检测的基本原理

其基本原理与医用χ射线相同，如图14-7所示。

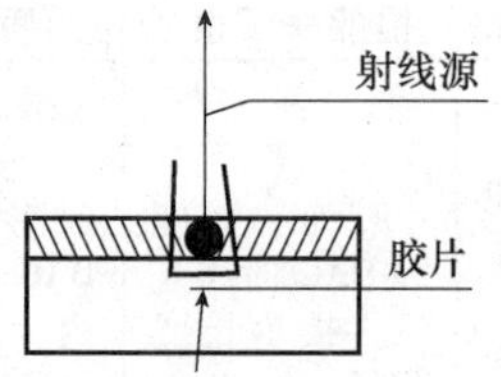

图14-7 射线检测原理示意图

射线穿透被检钢件或焊缝并使胶片感光，若被检钢件或焊缝中存在密度不均匀的区域，由于不同密度的物质对射线的吸收及反射程度不同，造成其背面胶片的感光程度不同，在胶片上便会产生出影像。有经验的检测人员经过对处理过的胶片进行分析，即可根据相关标准对产品中存在的缺陷进行定性和定量分析。

14.5.2.3 射线检测

射线检测应符合现行国家标准《金属熔化焊焊接接头射线照相》(GB/T 3323）的有关规定。

射线照相的质量等级应符合AB级的要求。一级焊缝评定合格等级应为《金属熔化焊接接头射线照相》(GB/T 3323）的Ⅱ级及Ⅱ级以上，二级焊缝评定合格等级应为GB/T 3323的Ⅲ级及Ⅲ级以上。

对照相等级的A、B级要求，在GB/T 3323标准中第3条有明确的说明。

按所需要达到的底片影像质量，射线照相方法分为A级（普通级）AB级（较高级）和B级（高级）。选用B级时焊缝余高应磨平。

A级与AB级的主要区别在于：在个别情况下，可使用荧光增感屏或金属荧光增感屏，但只限于A级。

14.5.2.4 《钢熔化焊对接接头射线照相和质量分级》(GB 3323）标准简介

（1）适用范围：本标准规定2~200mm母材厚度钢熔化焊对接接头（以下称为焊缝）的χ射线和γ射线照相方法及焊缝的质量分级。

（2）射线照相和质量分级：按所需要达到的底片影像质量，射线照相方法分为A级（普通级）AB级（较高级）和B级（高级）。选用B级时焊缝余高应磨平。

（3）焊缝质量分级，见表14-14和表14-15。

表 14-14　圆形缺陷的分级

评定区（mm）	10×10			10×20		10×30
质量等级＼母材厚度（mm）	≤10	>10~15	>15~25	>25~50	>50~100	>100
Ⅰ	1	2	3	4	5	6
Ⅱ	3	6	9	12	15	18
Ⅲ	6	12	18	24	30	36
Ⅳ	缺陷点数大于Ⅲ级者					

注：表中的数字是允许缺陷点数的上限。

表 14-15　条状夹渣的分级　　mm

质量等级	单个条状夹渣长度	条状夹渣总长
Ⅱ	$T \leqslant 12$: 4 $12 < T < 60$: $1/3T$ $T \geqslant 60$: 20	在任意直线上，相邻两夹渣间距均不超过 $6L$ 的任何一组夹渣，其累计长度在 $12T$ 焊缝长度内不超过 T
Ⅲ	$T \leqslant 9$: 6 $9 < T < 45$: $2/3$T $T \geqslant 45$: 30	在任意直线上，相邻两夹渣间距均不超过 $3L$ 的任何一组夹渣，其累计长度在 $6T$ 焊缝长度内不超过 T
Ⅳ	大于Ⅲ级者	

注：①表中“L”为该级夹渣中最长者的长度。

②长宽比大于 3 的长气孔的评级与条状夹渣相同。

③当被检焊缝长度小于 $12T$（Ⅱ级）或 $6T$（Ⅲ级）时，可按比例折算，当折算的条状夹渣总长小于单个条状夹渣长度时，以单个条状夹渣长度为允许值。

14.5.3　磁粉检测

14.5.3.1　*磁粉检测的基本原理*

当材料或工件被磁化后，若在工件表面或近表面存在裂纹、冷隔等缺陷，便会在该处形成一漏磁场。此漏磁场将吸引、聚集检测过程中施加的磁粉，而形成缺陷显示。因此，磁粉检测首先是对被检工件加外磁场进行磁化，外加磁场的获得一般有两种方法：一种是由可以产生大电流（几百安培至上万安培）的磁力探伤机直接给被检工件通大电流而产生磁场；另一种是把被检工件放在螺旋管线圈产生的磁场中，或是放在电磁铁产生的磁场中使工件磁化。工件磁化后，在工件表面上均匀喷洒微颗粒的磁粉（磁粉平均粒度为 5~10μm），一般用四氧化三铁或三氧化二铁作为磁粉。

14.5.3.2　*《无损检测焊缝磁粉检测》*(JB/T 6061)　*标准简介*

（1）适用范围：本标准规定了焊缝表面缺陷和近表面缺陷的磁粉检验方

法和缺陷磁痕的分级。本标准适用于铁磁性材料熔焊焊缝表面和近表面质量的磁粉检验。

（2）焊缝质量的评级：焊缝磁粉检验的质量评定原则上根据缺陷磁痕的类型、长度、间距以及缺陷性质分为四个等级（表 14-16），Ⅰ级质量最高，Ⅳ级质量最低。

表 14-16　缺陷磁痕分级表

质量等级		Ⅰ	Ⅱ	Ⅲ	Ⅳ
不考虑的最大缺陷显示磁痕长度（mm） 缺陷显示磁痕的类型及缺陷性质		≤0.3	≤1	≤1.5	≤1.5
线型缺陷	裂　纹		不允许	不允许	不允许
	未焊透		不允许	允许存在的单个缺陷显示迹痕长度≤0.16δ，且≤2.5mm；100mm 焊缝长度范围内允许存在缺陷显示迹痕总长≤25mm	允许存在的单个缺陷显示迹痕长度≤0.2δ，且≤3.5mm；100mm 焊缝长度范围内允许存在缺陷显示迹痕总长≤25mm
	夹渣或气孔	不允许	≤0.3δ，且≤4mm 相邻两缺陷显示迹痕的间距不小于其中较大缺陷显示迹痕长度的 6 倍	≤0.3δ，且≤10mm 相邻两缺陷显示迹痕的间距不小于其中较大缺陷显示迹痕长度的 6 倍	≤0.3δ，且≤4mm 相邻两缺陷显示迹痕的间距不小于其中较大缺陷显示迹痕长度的 6 倍
圆型缺陷	夹渣或气孔		任意 50mm 焊缝长度范围内允许存在显示长度≤0.15δ，且≤2mm 的缺陷显示迹痕 2 个；缺陷显示迹痕的间距应不小于其中较大显示长度的 6 倍	任意 50mm 焊缝长度范围内允许存在显示长度≤0.3δ，且≤3mm 的缺陷显示迹痕 2 个；缺陷显示迹痕的间距应不小于其中较大显示长度的 6 倍	任意 50mm 焊缝长度范围内允许存在显示长度≤0.4δ，且≤4mm 的缺陷显示迹痕 2 个；缺陷显示迹痕的间距应不小于其中较大显示长度的 6 倍

注：δ 为焊缝母材的厚度。当焊缝两侧的母材厚度不相等时，取其中较小的厚度值作 δ。

（3）应符合 JB/T 6061 有关规定。铁磁材料应用磁粉检测，不能使用磁粉检测时，应采用渗透检测。

14.5.4 渗透检测

14.5.4.1 渗透检测的基本原理

（1）在被检材料或工件表面上浸涂某些渗透力比较强的液体，利用液体对微细孔隙的渗透作用，将液体渗入孔隙中，然后用水和清洗液清洗材料或工件表面的剩余渗透液，最后再用显示材料喷涂在被检工件表面，经毛细管作用，将孔隙中的渗透液吸出来并加以显示。因此，渗透检测具有以下特点：

1）工作原理简单易懂，对操作者的技术要求不高；

2）应用面广，可用于多种材料的表面检测，而且基本上不受工件几何形状和尺寸大小的限制；

3）缺陷的显示不受缺陷方向的限制，即一次检测可同时探测不同方向的表面缺陷；

4）检测用设备简单、成本低廉、使用方便。

它的局限性主要是只能检测开口式表面缺陷，另外是工序比较多，探伤灵敏度受人为因素的影响比较多。

渗透检测对各种材料的开口式缺陷（如裂纹、气孔、分层、夹杂物、折叠熔合不良、泄漏等）都能进行检查，特别是某些表面无损检测方法难以工作的非铁磁性金属材料和非金属材料工件。但对工件和材料的表面粗糙度有一定要求，因为表面过于粗糙及多孔的材料和工件上的剩余渗透液很难完全清除，以致使真假缺陷难以判断。

14.5.4.2 《无损检测焊缝渗透检测》(JB/T 6062) 标准简介

（1）适用范围：本标准规定了焊缝及其邻近母材表面开口缺陷的渗透检验方法（着色检验和荧光检验）和缺陷迹痕的分级。

本标准适用于下述金属焊缝的表面开口缺陷检验：

- 用非磁性材料焊接的焊缝；
- 磁性材料的角焊缝以及磁粉探伤有困难或者检验效果不好的焊缝，例如对接双面焊焊缝清根过程中的检验等。

（2）质量评定

- 焊缝渗透探伤的质量评定，原则上根据缺陷迹痕的类型、长度、间距以及缺陷性质分为 4 个等级（表 14-17）。Ⅰ级质量最高，Ⅳ级质量最低。

- 出现在同一条焊缝上不同性质的缺陷，可以选用不同的等级分别进行评定，也可以选用相同的等级进行评定。
- 被评为不合格的缺陷，在不违背焊接工艺规定的前提下，允许进行返修。返修后的检验和质量评定与返修前相同。

表 14-17　缺陷迹痕分级表

<table>
<tr><td colspan="2">质量等级</td><td>Ⅰ</td><td>Ⅱ</td><td>Ⅲ</td><td>Ⅳ</td></tr>
<tr><td colspan="2">不考虑的最大缺陷显示迹痕长度（mm）
缺陷显示迹痕的类型及缺陷性质</td><td>≤0.3</td><td>≤1</td><td>≤1.5</td><td>≤1.5</td></tr>
<tr><td rowspan="3">线型缺陷</td><td>裂　纹</td><td rowspan="4">不允许</td><td>不允许</td><td>不允许</td><td>不允许</td></tr>
<tr><td>未焊透</td><td>不允许</td><td>允许存在的单个缺陷显示迹痕长度 ≤ 0.16δ，且 ≤ 2.5mm；100mm 焊缝长度范围内允许存在缺陷显示迹痕总长≤25mm</td><td>允许存在的单个缺陷显示迹痕长度 ≤ 0.2δ，且 ≤ 3.5mm；100mm 焊缝长度范围内允许存在缺陷显示迹痕总长≤25mm</td></tr>
<tr><td>夹渣或气孔</td><td>≤0.3δ，且≤4mm 相邻两缺陷显示迹痕的间距不小于其中较大缺陷显示迹痕长度的 6 倍</td><td>≤0.3δ，且≤10mm 相邻两缺陷显示迹痕的间距不小于其中较大缺陷显示迹痕长度的 6 倍</td><td>≤ 0.3δ，且≤4mm 相邻两缺陷显示迹痕的间距不小于其中较大缺陷显示迹痕长度的 6 倍</td></tr>
<tr><td>圆型缺陷</td><td>夹渣或气孔</td><td>任意 50mm 焊缝长度范围内允许存在显示长度 ≤ 0.15δ，且 ≤ 2mm 的缺陷显示迹痕 2 个；缺陷显示迹痕的间距应不小于其中较大显示长度的 6 倍</td><td>任意 50mm 焊缝长度范围内允许存在显示长度 ≤ 0.3δ，且 ≤ 3mm 的缺陷显示迹痕 2 个；缺陷显示迹痕的间距应不小于其中较大显示长度的 6 倍</td><td>任意 50mm 焊缝长度范围内允许存在显示长度 ≤ 0.4δ，且≤4mm 的缺陷显示迹痕 2 个；缺陷显示迹痕的间距应不小于其中较大显示长度的 6 倍</td></tr>
</table>

注：δ 为焊缝母材的厚度。当焊缝两侧的母材厚度不相等时，取其中较小的厚度值作 δ。

14.5.5 无损检测新技术

14.5.5.1 圆管T、K、Y节点焊缝的超声波探伤方法及缺陷分级

此种检测方法在国外以及国内一些海洋钻井平台上已有应用，但在国内钢结构检测中并未被广泛采用，至今尚未有相关的检测标准。中冶建筑研究院根据国内工程需求，参照美国、日本的相关检测标准经过两年多的研究、实践，制定出切实可行的超声波检测方法及缺陷的分级方法，该项研究成果曾取得了北京市科技进步三等奖。

14.5.5.2 超声波衍射波

(1) TDFD的优点

检测不依赖缺陷的方位，这一点与传统的超声波检测基于回波幅度大不相同。

检测的结果非常精确，可用于对工件中的缺陷生长进行监测。

探伤结果立即可以得到，并且以文件形式保存下来。

不同厚度工件的检测只需要对探头的间距、系统的部分参数作微调即可。

检测速度快，每分钟可以检测好几米。

成本低。

检出率（POD）高。

适用于高温环境，高至400℃。

对于焊缝的扫查，因为探头的宽声束缚盖整个区。

探头沿焊缝纵方向移动即可。

无辐射，安全。

(2) TDFD的缺点

衍射波信号较弱，对仪器抗干扰能力、降低噪声能力要求较高。

分析TOFD最终形成的B图像需要专业的、有经验的检测人员。

TOFD最大的缺点：无法检测焊缝根部的缺陷。因为缺陷形成的衍射波淹没在底面回波中。

对粗晶体材料而言，不适用。难以区分衍射信号和粗晶体材料固有的噪声。

必须使用较高频率的探头，5MHz、10MHz或者以上。

要求缺陷末端尖锐。

盲区的存在。这一点不如磁粉探伤、表面波超声探伤。

最小厚度6mm（100mm直径），最大的厚度没有限制。

TOFD难以检测到平行与检测面的缺陷。

15 钢结构工程焊接质量第三方质量控制的必要性及内容

所谓第三方质量控制是指由业主、监理、设计等各方经过招标、议标或评审的方式确定的一家在该行业领域内具有相关资质的检测机构，如：通过CNAL国家实验室认证、CMA国家计量认证等并具有一定权威性、同时与钢结构制造及施工单位无行政隶属关系，对施工过程中焊接质量进行监控。第三方检测机构的职责是按相关标准和规范、客观公正地对所监控工程质量做出评价，原则上第三方检测机构只对业主负责，因此可以排除来自各方的干扰，确保工程质量。

随着我国钢结构应用的日益广泛，越来越多的企业参与钢结构的焊接施工，由于技术水平和质量意识、管理等方面的原因，部分工程焊接不按标准规范进行质量控制而导致产品质量低劣，甚至产生危害性后果。在我国现行国家标准《钢结构工程施工质量验收规范》(GB 50205) 附录G“钢结构工程有关安全及功能的检验和见证检测项目”提出了有关要求第三方检测的具体项目，焊缝质量控制是其中重要的一项。

15.1 焊接工艺评定中的第三方检测评定

由于钢结构工程中的焊接节点和焊接接头不可能进行现场实物取样检验，为保证工程焊接质量，必须在构件制作和结构安装施工焊接前进行焊接工艺评定。我国现行标准《钢结构工程施工及验收规范》(GB 50205) 对此有明确的要求并已将焊接工艺评定报告列入竣工资料必备文件之一。在2002年以前，我国缺乏适合于建筑钢结构的焊接工艺评定规程，由国外设计、施工总承包的工程一般根据国外的相应规程进行工艺评定，而国内独立设计、施工的工程则按GB 50205规定采用锅炉压力容器的工艺评定规程。

由于各种高层（超高层）建筑钢结构，大容量锅炉钢架结构，工业炉、窑壳体和工艺设备钢结构，各种大跨度场馆建筑中的管－管、管－球空间网架、桁架等钢结构中，采用的钢材厚度大、强度高、节点形式复杂、焊接工艺方法多样、技术难度大，锅炉压力容器焊接工艺评定规程的内容和检验方法已不能适应这些结构类型的焊接工艺评定要求。

2002 年颁布实施的《钢结构焊接规范》(GB 50661) 参照国家现行行业标准《钢制件熔化焊工艺评定》(JB/T 6963)、美国标准《钢结构焊接规范》(AWS D1. 1) 及日本建筑学会标准《钢结构工程》(JASS 6) 中的相应规定，结合上述结构的特点，制订了适合我国实际情况并适用于建筑钢结构的焊接工艺评定相关条文。目前我国钢结构工程中有关焊接工艺评定基本上均采用该规程。

钢结构施工的焊接工艺是根据焊接工艺评定结果来制定，在建筑钢结构中，实际施工的焊接接头性能是通过焊接工艺评定的结果来代表，因此焊接工艺评定是控制工程焊接质量的重要环节。

15. 2 焊工培训与岗前考核

在国家经济建设中，特殊技能操作人员发挥着重要的作用。在钢结构工程施工焊接中，焊工是特殊工种，焊工的操作技能和资格对工程质量起到保证作用，必须充分予以重视。根据目前建筑钢结构的发展水平，对焊工技能的要求与压力容器相比不是低而是各有难点和特殊要求。事实上，一些持有压力容器焊工合格证的焊工，在从事大型、高层建筑钢结构安装工程中，因不适应其节点施焊特点，而出现较高的返修率。

例如，2003 年非典期间北京某工地，由于受非典的影响，一些原来经过培训和考试的外地焊工纷纷回家，但由于工期紧，施工方不得已四处寻找焊工，结果造成在一个施工现场同时有三、四个分包队伍进行施工，而且其中许多焊工从未有厚板焊接的经历，从而导致焊接质量较差，返修率增高，不仅影响了工期进度，同时工程质量也受影响，因为从理论上讲一般情况每条焊缝在同一位置最多只能返修两次，多次返修不仅导致钢材的机械性能下降，同时也会产生较大的应力集中，影响整体结构的受力分布。

为了适应建筑钢结构工程施工对焊工资质培训的需要，《钢结构焊接规范》(GB 50661) 既规定了焊工的基本考试要求，又针对高层、超高层建筑钢结构节点形式复杂、板厚大、焊接操作时有各种障碍等特点及现行国家相关规范对焊缝质量的要求，增加了手工操作技能附加考试，并根据定位焊对坡口根部焊缝缺陷影响较大，而有一些建筑钢结构制作企业对定位焊不够重视，往往由铆工或其他工种人员担任定位焊这一情况，增加了定位焊考试。这对保证钢结构的焊接质量至关重要。

鉴于我国焊工资格管理的现状，锅炉压力容器、冶金、船舶、水利、电力等行业的焊工资格可以与钢结构焊工的基本考试资格互认。焊工的岗前考核（附加考试）应由监理工程师和专门的考核机构共同承担。

15.3 第三方无损检测

目前国内建筑钢结构市场的竞争非常激烈，因此一些企业受利益驱动为降低成本往往以牺牲内在质量来换取利润，而企业内部的自检机构由于受企业行政领导的干预，很难做到严格按国家标准、规范进行检测。

例如：北京某高层建筑工程钢结构首批构件进行制造时由我方进行第三方无损检测，检测时发现其要求为二级焊缝的节点处存在大量危害性缺陷——未焊透，缺陷最长达 150mm，严重超出国家标准的要求，需要返修，而在制造方的自检报告中则无任何缺陷记录，后经双方复检，确认我方检测结果无误，首批构件全部退厂返修，给工程进度及工程质量造成较大的影响，但若无第三方监检，则将给工程造成长期安全隐患，后果难以预测。

总之，无论从安全还是经济的角度讲，第三方质量检测控制是必需的，对制造和施工方在控制工程质量方面起到监督和见证的作用，是保证工程质量的一个重要环节。

16 钢结构工程实例分析

16.1 实例一：重庆万豪国际会展大厦

1. 概况

重庆万豪国际会展大厦七层以下钢结构构件，由浙江杭萧钢构股份有限公司制作，其中型钢混凝土中型钢腹板部分采用低合金高强度结构钢板，牌号为Q345B，厚度为30mm。钢结构安装切割时在一根柱的腹板端部板厚中间部位发现存在颜色较深的线形条纹。为查清上述缺陷的性质及其形成原因、核验钢板质量，浙江杭萧钢构股份有限公司委托国家建筑钢材质量监督检验中心对该工程的缺陷钢板进行超声波探伤，并进行综合分析。

2. 超声波探伤

根据委托方确定的探伤区域（图16-1），国家建筑钢材质量监督检验中心于2005年7月11日至7月13日进行现场超声波探伤，共检测了37根钢柱的130处腹板，依据GB/T 2970—2004标准对其进行评定，其中评定级别为Ⅰ级的共有93处，评定级别为Ⅱ级的共有2处，评定级别为Ⅲ级的共有1处，超过标准Ⅲ级要求的共有34处，缺陷部位集中在板厚中部，如图16-2所示。

3. 取样部位的确定

检验所需钢板试样是在探伤有缺陷的腹板上截取的，其尺寸为350mm×450mm，四周均有火焰切割痕迹。钢板试样表面注明了轧向及探伤发现的缺陷所在部位。

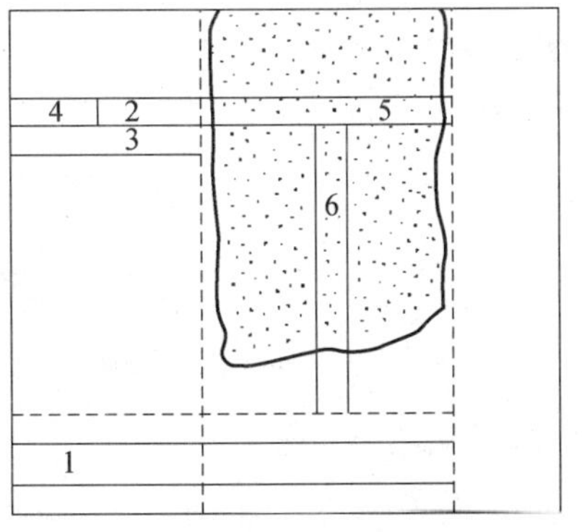

图16-1 选检钢板取样部位示意图
1—室温弯曲试样；2—室温拉伸试样；
3—室温冲击试样、化学成分分析试样；
4，5，6—金相试样
图中虚线为火焰切割加工，实线为锯切或刨削加工，标有小点部位为探伤发现缺陷部位。

根据《钢及钢产品力学性能试验取

样位置及试样制备》(GB/T 2975—1998）标准，送检钢板的力学性能试样按图16-1所示位置取样，图中同时注明了金相试样及化学成分分析试样取样位置。

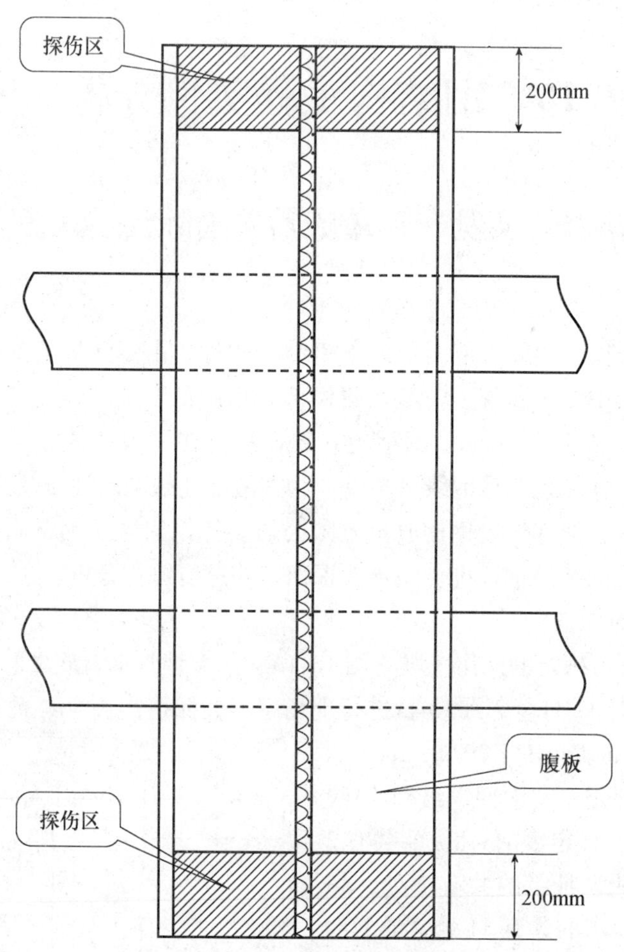

图 16-2　超声波探伤钢板柱腹板位置示意图

4. 检查结果与分析

(1）外观检查

由于送检钢板四周为火焰切割，四边端面基本看不出明显缺陷，采用锯切、刨削等机械加工方法制备金相及力学性能试样过程中发现，在探伤发现缺陷区域内，垂直于轧向的6号金相试样，在钢板厚度的中部存在明显裂纹(图16-3)。

图 16-3　6 号金相试样钢板板厚中部裂纹缺陷宏观形貌

冲击、拉伸及弯曲试样均取自探伤没有发现缺陷部位。但是，弯曲试样进行室温弯曲试验后发现，在受弯段钢板厚度的中部同样出现裂纹，裂纹长度为 70mm，裂纹穿透整个试样长度（图 16-4）。在室温冲击试样中，有一支试样的侧面裸露出一小片缺陷（约 1mm×2mm，图 16-5）。分析认为，该试样存在缺陷的侧面很可能恰好位于钢板厚度的中部。由于缺陷面积较小，且不在冲击缺口处，因此不会对冲击值产生影响，但说明该处钢板同样存在内部缺陷。

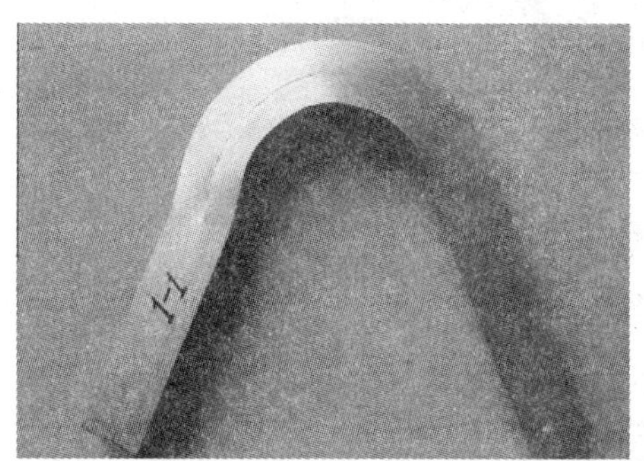

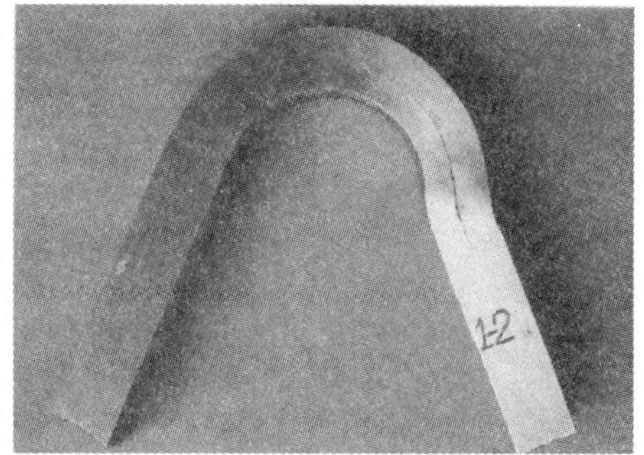

图 16-4　送检钢板冷弯试样宏观形貌

（2）化学成分分析

送检钢板化学成分分析结果如表 16-1 所示。

表 16-1　送检钢板化学成分分析结果（质量分数%）

	C	Si	Mn	P	S
GB/T 1591—1994 Q345B 标准值	≤0.20	≤0.55	1.00～1.60	≤0.040	≤0.040
送检钢板	0.20	0.44	1.41	0.022	0.011

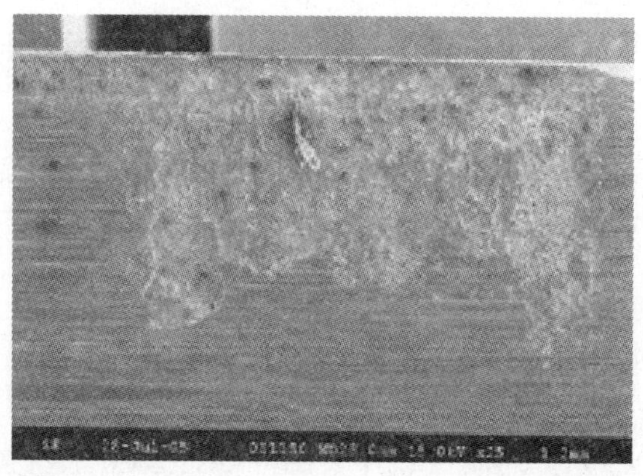

图 16-5　一支冲击试样侧面存在的表面缺陷放大形貌

（3）金相检查

1）显微组织检查

正常部位钢板的显微组织为 Q345B 热轧钢板的典型组织，系铁素体 + 珠光体（图 16-6）。

图 16-6　送检钢板正常部位显微组织

2）钢板中部显微组织检查

取自不同部位的金相试样腐蚀显微组织时，在钢板厚度的中部表现出明显差别。存在裂纹部位，裂纹两侧腐蚀较深；裂纹附近未开裂部位，钢板厚度中部同样腐蚀较深；远离裂纹部位，钢板厚度中部腐蚀程度与正常部位差别不明显。采用金相显微镜、扫描电镜及能谱分析等手段对上述三个部位进行了显微组织检查及微区成分分析。

①裂纹发生部位

在裂纹发生部位，钢板厚度的中部珠光体数量明显增多，个别部位甚至全部为珠光体，裂纹毗邻部位金属且出现了马氏体和贝氏体组织（图 16-7 和图 16-8）。金相检查还发现，多处裂纹伴有非金属夹杂物（图 16-7 和图 16-8），非金属夹杂物多为 MnO（图 16-7 和图 16-8）。有些夹杂物为 MnS（图 16-7 和图 16-8）和氧化铝（图 16-7 和图 16-8）。

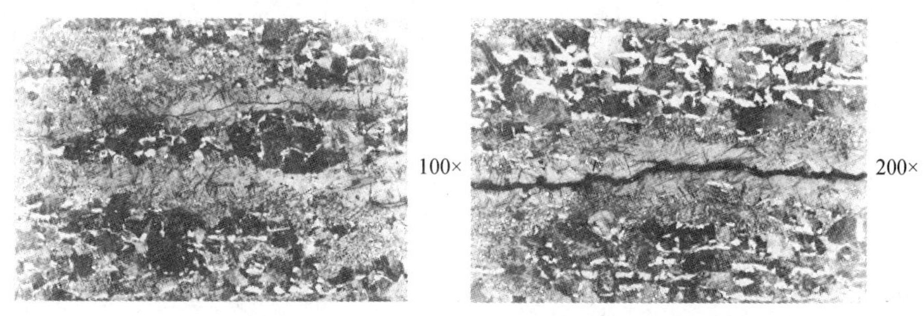

图 16-7　裂纹发生部位显微组织（一）

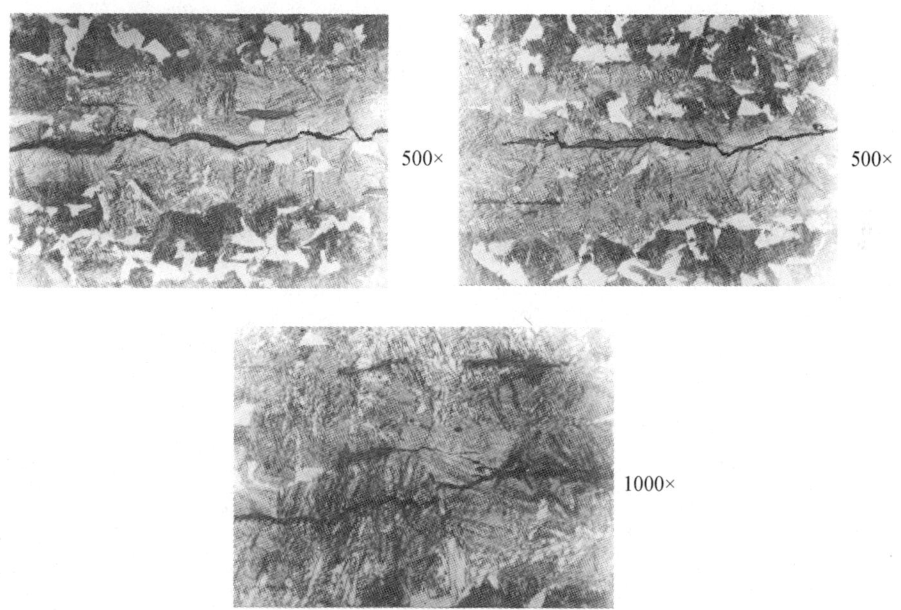

图 16-8　裂纹发生部位显微组织（二）

能谱分析结果表明，在裂纹发生部位，裂纹毗邻金属 C、Mn 含量明显偏高（表 16-2），说明在裂纹发生部位发生了 C 和 Mn 的正偏析。

表 16-2　裂纹毗邻部位金属与正常部位金属微区能谱成分分析结果（质量分数%）

分析部位		C	Si	Mn	Fe
正常部位	位置 1	0.21	0.32	1.42	98.06
	位置 2	0.18	0.40	1.35	98.06
	位置 3	0.20	0.36	1.40	98.04
裂纹发生部位	位置 1（裂纹毗邻金属）	0.34	0.31	1.70	97.65
	位置 2（裂纹毗邻金属）	0.34	0.43	1.88	97.35
	位置 3（裂纹毗邻金属）	0.39	0.41	2.08	97.12

②裂纹附近未裂部位、板厚中部

裂纹附近未裂部位板厚中部珠光体数量明显多于正常部位，个别部位还可见有贝氏体组织（图 16-9）。

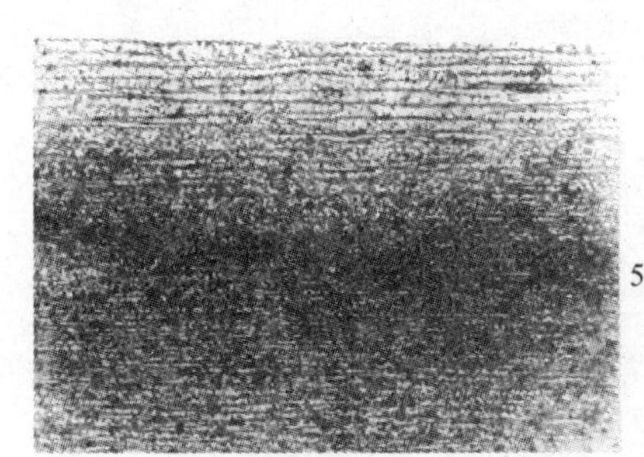

50×

200×

图 16-9　裂纹附近未裂部位钢板厚中部显微组织

能谱分析结果表明，该区 C、Mn 含量仍比正常部位偏高，但不如裂纹发生部位显著（表 16-3）。

表 16-3　裂纹附近未裂部位、板厚中部金属微区能谱成分分析结果（质量分数%）

分析部位	C	Si	Mn	Fe
位置 1（裂纹附近未裂部位、板厚中部）	0.25	0.38	1.59	97.78
位置 2（裂纹附近未裂部位、板厚中部）	0.25	0.33	1.46	97.96
位置 3（裂纹附近未裂部位、板厚中部）	0.28	0.35	1.70	97.67

③远离裂纹部位、板厚中部

远离裂纹部位在进行显微组织腐蚀时，板厚中部与正常部位没有表现出明显差别，板厚中部同样为铁素体＋珠光体（图16-10）。微区能谱成分分析结果也与正常部位相同（表16-4）。

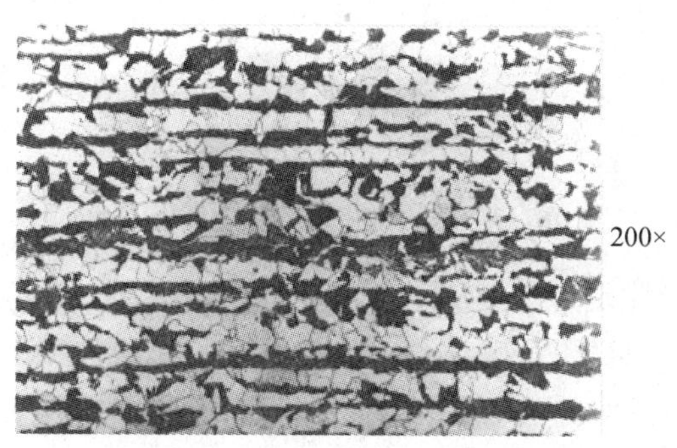

图16-10　远离裂纹部位钢板板厚中部显微组织

表16-4　远离裂纹部位、板厚中部金属微区能谱成分分析结果（质量分数%）

分析部位	C	Si	Mn	Fe
位置1（远离裂纹部位、板厚中部）	0.21	0.34	1.30	98.14
位置2（远离裂纹部位、板厚中部）	0.22	0.48	1.75	97.56
位置3（远离裂纹部位、板厚中部）	0.22	0.45	1.24	98.09

应当指出，上述表16-2～表16-4中所示成分系能谱分析结果。能谱成分分析，特别是轻元素分析误差较大，但进行相互比较，可以作为参考。从显微组织分析，裂纹发生部位及其附近区域钢板板厚中部的实际碳含量应当还要高于表中所列数据。

3）钢中非金属夹杂物

磨制纵截面金相试样，检查了钢板钢中非金属夹杂物，结果表明，送检钢板钢中非金属夹杂物并不严重（表16-5），但主要集中在钢板板厚的中部（图16-11）。

表16-5　送检钢板钢中非金属夹杂物评级结果（GB 10561—1989）

试样编号	A		B		C		D	
	粗系	细系	粗系	细系	粗系	细系	粗系	细系
送检钢板	0	2.0	0	0	0	0	0.5	1.5

100×

图 16-11　送检钢板钢中非金属夹杂物

（4）力学性能测定

1）室温拉伸试验

送检钢板室温拉伸试验结果列入表 16-6。

表 16-6　送检钢板室温拉伸试验结果

	试验温度（℃）	抗拉强度 R_m（MPa）	屈服强度 R_{sl}（MPa）	断后伸长率 A（%）
GB/T 1591—1994 中 Q345B 标准值	室温	470～630	≥325	≥21
送检钢板	20	600	380	27

2）室温冲击试验

送检钢板室温冲击试验结果如表 16-7 所示。

表 16-7　送检钢板室温冲击试验结果

	试验温度（℃）	冲击功（J）		
GB/T 1591—1994 中 Q345B 标准值	20	≥34		
送检钢板	20	54	52	58

3）室温弯曲试验

送检钢板冷弯试验结果如表 16-8 所示。

表 16-8　送检钢板冷弯试验结果

冷弯试验	标准	实测结果
$D=3a$，$a=180°$	完好	受弯部位板厚中间出现分层开裂，长度约 70mm

4）裂纹发生部位马氏体组织硬度测定

由于钢板板厚中部发生了 C 和 Mn 的正偏析，致使出现了马氏体组织，为了进一步确认，测定了马氏体区的显微硬度，测定结果如表 16-9 所示。

表 16-9 裂纹发生部位钢板中部马氏体区显微硬度测定结果

测定部位	显微硬度值 HV_{100}		
马氏体区	560	542	554

（5）断口分析

从图 16-12 所示带有裂纹的钢板中段切取 200mm 长，由于在所取试样范围内裂纹贯穿整个板厚，所以很容易将其掰开。图 16-12 示出了分层钢板裂纹两侧表面的宏观形貌。可以看出，裂纹两侧表面平滑。微观观察结果表明，裂纹两侧表面存在大面积非金属夹杂物（图 16-13），能谱分析结果表明，这些非金属夹杂物大多数为 MnO 夹杂，少数部位为 MnS 和氧化铝夹杂。在没有被非金属夹杂物覆盖部位，断口微观形貌具有典型的穿马氏体板条的准解理断裂特征（图 16-14），其中间或有少量沿晶断裂断口（图 16-15）。

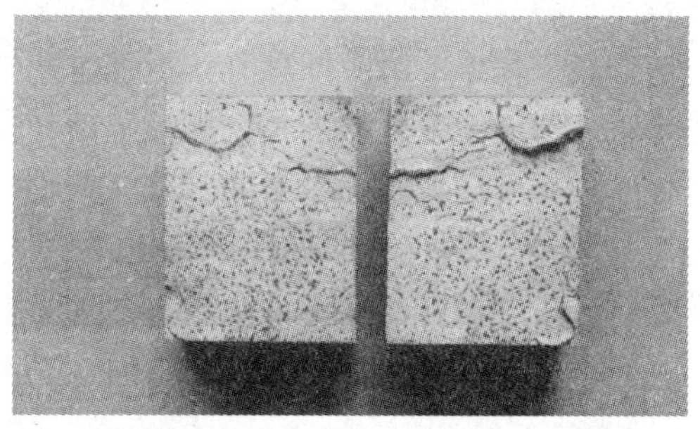

图 16-12 分层钢板裂纹两侧表面宏观形貌

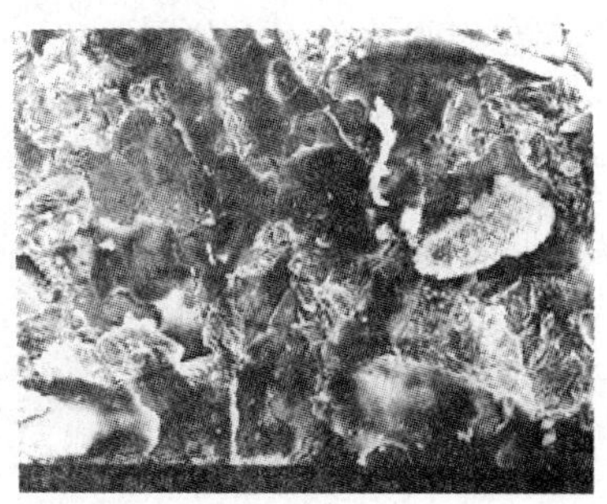

图 16-13 分层钢板裂纹两侧表面非金属夹杂物

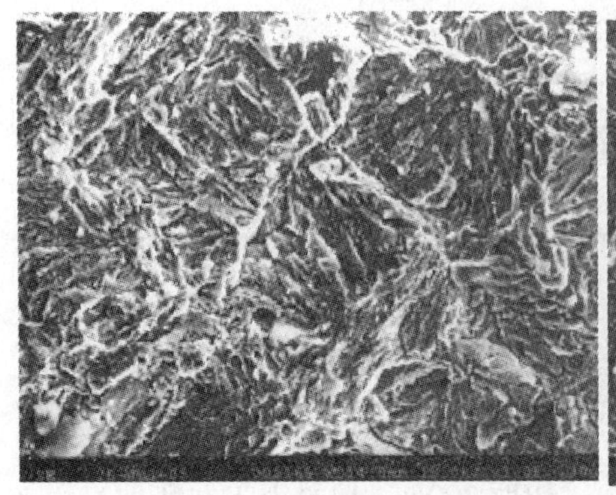

图 16-14 分层钢板裂纹两侧表面微观形貌（一）

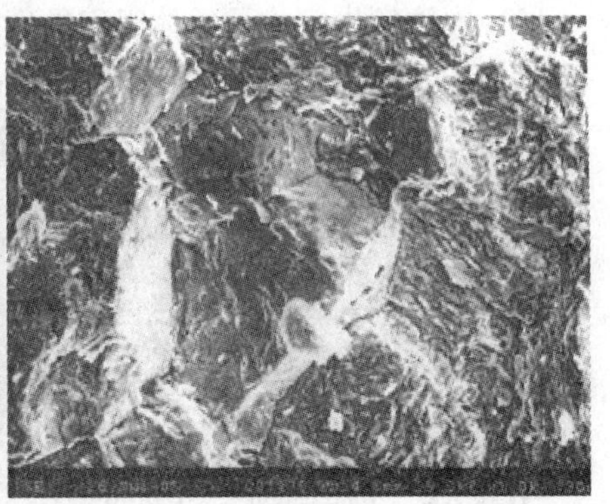

图 16-15 分层钢板裂纹两侧表面微观形貌（二）

5. 讨论

根据对送检钢板进行的综合分析结果，特别是金相检查和裂纹断口分析所揭示的各种形态特征，分析认为，在连铸过程中，连铸板坯的中部发生了C、Mn 等元素的正偏析，同时，各种非金属夹杂物也集中在连铸板坯的中部，致使热轧钢板板厚中部 C、Mn 含量显著高于该钢的平均含量，从而导致在随后的冷却过程中，在钢板板厚的中部成分偏析部位发生马氏体转变而形成马氏体，马氏体硬度高，塑性差，特别是在板厚中部存在较多非金属夹杂物的情况下，位于板厚中部马氏体区域内的非金属夹杂物很容易作为源而诱发裂纹，在金相检查时发现，多处裂纹与钢中非金属夹杂物有关即是例证。

送检钢板的碳含量处于该钢标准成分的上限，使钢板板厚中部碳成分偏析更为明显。

6. 结论

（1）重庆万豪国际会展大厦所检区域的型钢混凝土中型钢腹板 30mm 厚钢板存在宏观缺陷——分层缺陷。

（2）送检钢板板厚中部存在 C、Mn 等元素正偏析，导致成分偏析区形成马氏体组织。同时，钢板板厚中部非金属夹杂物较多。马氏体组织和非金属夹杂物的存在是形成钢板宏观缺陷——分层的根本原因。

（3）由于经探伤发现，板厚中部存在有条状缺陷，所以送检钢板试样经冷弯后，试样厚度中部出现裂纹，冷弯试验不合格。

（4）超声波探伤超过Ⅲ级的有 34 处，其缺陷集中在板厚中部，与取样检验对应一致。

16.2　实例二：深圳发展中心大厦（国内首座全钢结构高层建筑）

检测项目：无损检测

检测地点：深圳

检测时间：1986～1987 年

结构特点：该工程为国内首座全钢结构高层建筑，大厦主楼为钢框架—钢筋混凝土剪力墙结构体系。剪力墙为一截角正方筒形截面，采用“不封闭平台”液压滑动模板施工工艺，圆弧状造型钢架结构，安装总质量 1.1 万 t，最大单件质量 36.71t，钢板最大厚度 130mm，共用高强螺栓 12 万余套，焊缝长 354km。

16.3 实例三：首都机场四机位库球管网架钢结构

检测项目：无损检测、焊接工艺评定及应力测定

检测地点：北京

检测时间：1994～1995年

结构特点：该工程为正交斜放抽空双层四角锥焊接球－管网架，其面积为306m×84m，矢高6m，有焊接球3860个，规格为ϕ500mm×16mm～ϕ800mm×32mm，厚度≥22mm，采用日本SM490B抗层状撕裂钢，连接杆管15010根，材质为STK390，总重1765t，是当时亚洲第一、世界并列第一的大型飞机维修机库。其中，网架杆件的钢管共有8种规格，为ϕ101.6mm×5mm～ϕ273.1mm×16mm，最小壁厚为5mm，占总杆件数的71.1%。

该工程球节点焊缝全部在现场焊接，现场安装从1995年初开始至1995年底全部完成。

由于当时国内外尚无相应的探伤标准可以采用，我们在大量试验研究的基础上制定了《钢网架焊缝超声波探伤及焊缝分级法》。该标准经该工程施工联合体（包括德国专家、监理与中方业主、设计、制作、安装单位）的审核批准认可。在工程施工中，共检测了31462个焊口，返修了2605个焊口。返修时采用碳弧气刨方法清除缺陷，清除的结果与检测结果的一致性达到95%以上。

16.4　实例四：深圳赛格大厦（一期）钢结构

检测项目：无损检测及钢柱垂偏监测

检测地点：深圳

检测时间：1997 年

结构特点：深圳赛格广场地上 72 层、地下 4 层，总高 291.6m。塔楼内筒的角柱、边柱及外框柱均采用钢管混凝土柱，为世界首例超高层钢管混凝土结构。由于钢管混凝土结构可节省钢材，所用钢管柱最大直径 1600mm，壁厚仅 28mm，用 16Mn 板材卷焊成型。

由于直径大而壁薄，圆管装焊横筋板和牛腿后构件尺寸偏差较大是制作、安装和焊接的主要困难。

16.5 实例五：深圳机场航站楼屋盖

检测项目：无损检测

检测地点：深圳

检测时间：1997 年

结构特点：深圳机场航站楼主楼屋盖为多点支撑曲线桁架结构，由 16 榀 135m 长鹏翼形曲线桁架组成，每榀间距 12.8m，由 180 根钢管斜支撑在 3 列 45 根，支撑跨度为 60m + 48m，悬挑长度为 18m、9m，桁架断面为倒三角形，钢管材质为 20g，壁厚 20mm，用钢量 1824t，焊缝长度 2 万多米。

此类桁架的钢管节点为相贯线焊接节点，按原设计要求对于支管壁厚≥6mm 的焊缝，要求全焊透，但由于没有合适的探伤标准无法进行检验。设计方经认真的调研，比较各种方案，最后选择我们制定的《T、K、Y 节点焊缝的超声波探伤》作为该结构检验标准，并指定由中冶建筑研究总院对结构进行检测。在施工初期，发现大量未焊透焊缝，其原因是在侧腰区（B 区）的坡口是从 55°过渡到 0°，由于现场对坡口重新处理达到全熔透的要求非常困难，经多方协商，修改了设计要求，允许 B 区存在≤2mm 或 0.2t 的未熔透，同时增加焊脚高度 1 ~2mm 或 0.25t。在近三个月的工作中，共检测 3926 条焊缝，发现 41 条焊缝不合格，返修过程中清除出的缺陷与检测结果完全一致，在钢管相贯线焊缝的质量控制上起到了积极的作用。

16.6　实例六：北京植物园展览温室钢结构工程

检测项目：无损检测及变形监测

检测地点：北京

检测时间：1999 年

结构特点：北京植物园展览温室屋盖结构是全钢管结构。设计者是深圳机场候机楼的设计者，因此在设计图中，直接将中冶建筑研究总院制订的《钢桁架 T、K、Y 管接头焊缝超声波探伤方法及质量分级》标准作为该结构的检测标准。北京机械施工公司自检后由中冶建筑研究总院复检。

16.7　实例七：国家大剧院

检测项目：无损检测

检测地点：北京

检测时间：2002. 5 ~ 2003. 12

结构特点：国家大剧院主体建筑由外部围护结构和内部歌剧院、音乐厅、戏剧场、小剧场和公共大厅及配套用房组成。外部围护结构为钢结构壳体，呈半椭球形，其东西长轴为 212. 20m，南北短轴为 143. 64m，建筑总高度为 46. 285m，地下最深处为 - 32. 50m。椭球形屋面主要采用钛金属板，中部为渐开式玻璃幕墙。中冶建筑研究总院对其进行检测及变形监测。

16. 8 实例八：北京乐喜金星（LG）大厦

检测项目：无损检测、焊接工艺评定

检测地点：北京

检测时间：2003. 3 ~ 2004. 6

结构特点：由东塔、西塔和裙房组成。塔楼为劲性混凝土结构，地下 4 层，地上 31 层，高 140m。平面外廓由 16 根钢骨混凝土柱用折线组成马蹄形。裙房为全钢结构。总用钢量 1. 6 万 t。

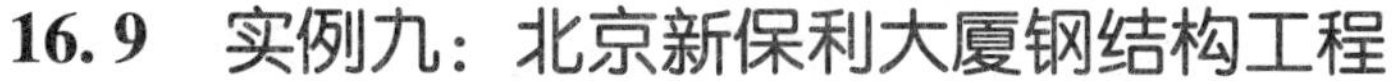

16.9　实例九：北京新保利大厦钢结构工程

检测项目：无损检测、Q420 级钢材焊接工艺评定、焊材评定、焊工考核

检测地点：北京

检测时间：2004.1

结构特点：该工程为钢框架－钢筋混凝土筒体混合结构，地下 4 层，地上 24 层，高 105m，总用钢量 1.6 万 t，其结构用钢为卢森堡阿赛罗公司生产的 ASTM A913 G60（相当于 Q420）钢，最大厚度为 125mm，是此级别钢在国内建筑钢结构中的首次应用。作者单位对该钢种焊接性进行了系统的试验研究，优化选择合理的焊接方法和焊接材料，并制定了相应的焊接工艺，对工程钢结构的焊接施工起到了指导作用，并为该钢种在国内建筑钢结构中的进一步应用积累了经验。另外，其悬挂式钢结构吊楼和点式双向柔索玻璃幕墙全部采用预应力钢缆固定，钢缆直径达 260mm，也是在民用建筑中首次使用检测及钢柱垂偏监测。

16.10 实例十：北京电视中心钢结构工程

检测项目：无损检测、焊接工艺评定、焊材评定、焊工考核

检测地点：北京

检测时间：2004.2

结构特点：北京电视中心综合业务楼工程位于建国路98号，是以办公为主的综合性建筑。该工程地上42层，地下3层，建筑物总高度为227.05m，该工程±0.00以下主体结构采用钢骨混凝土框架－剪力墙体系，地下三层的钢骨柱为焊接箱形截面柱及钢管柱；±0.00以上部分结构采用钢结构框架－支撑结构体系，是一个截面尺寸为67.0m×61.0m，高约227m的立体巨型框架结构。整个结构是在建筑的四角布置四个巨型“L”形复合巨型柱，巨型柱之间用巨型钢桁架相连，组成巨型框架－支撑体系。梁与柱、梁与梁、支撑与柱连接上下翼缘采用坡口全熔透焊接连接，腹板采用连接板围焊或高强螺栓连接，柱与柱采用坡口全熔透焊接。该工程总用钢量约为30000t。